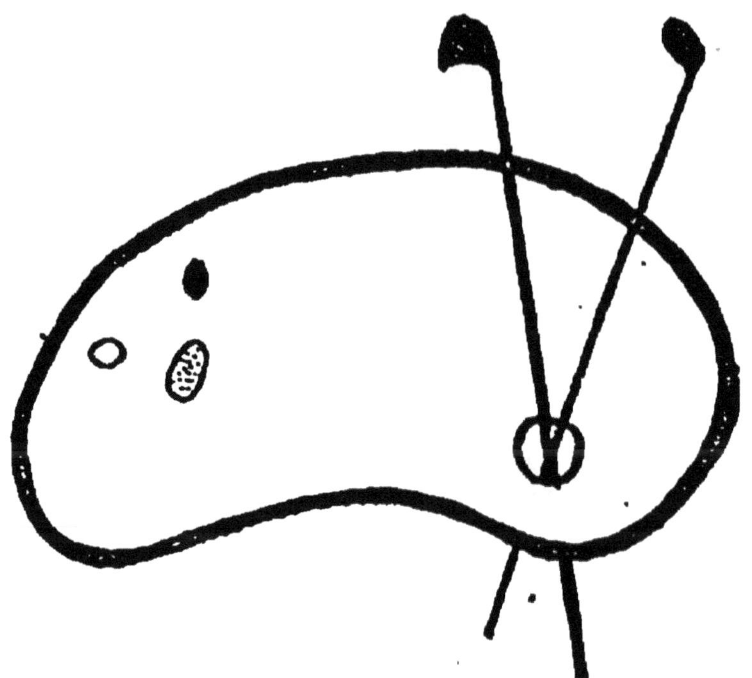

DEBUT D'UNE SERIE DE DOCUMENTS
EN COULEUR

PUBLICATION
DE LA
CAISSE NATIONALE DES INVENTIONS & DÉCOUVERTES
38, RUE NOTRE-DAME-DES-VICTOIRES, 38

---

LIEUTENANT-COLONEL HENNEBERT

---

# DE PARIS A TOMBOUCTOU

## EN HUIT JOURS

PARIS
AUX BUREAUX
DE LA « REVUE DES INVENTIONS & DÉCOUVERTES »
38, RUE NOTRE-DAME-DES-VICTOIRES, 38
ET CHEZ TOUS LES LIBRAIRES

---

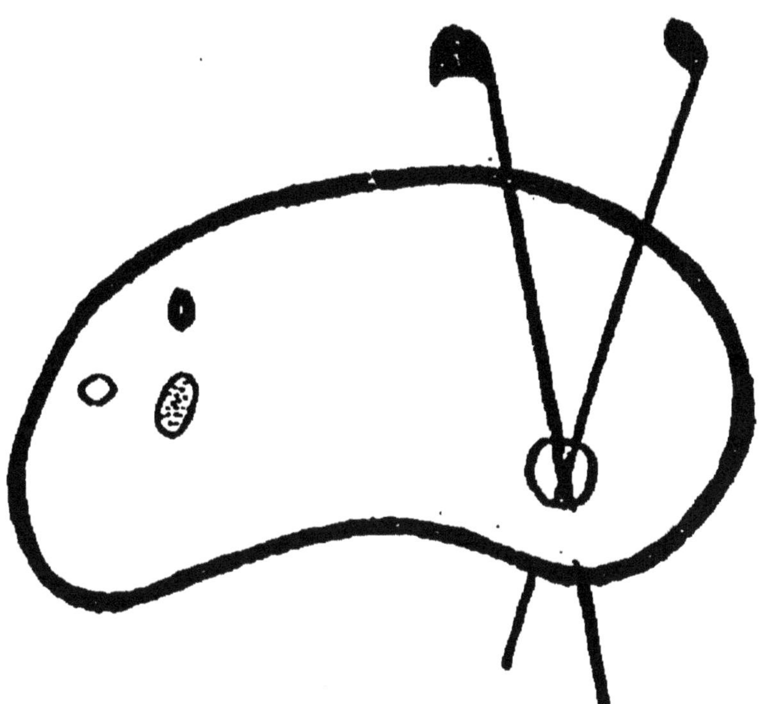

FIN D'UNE SERIE DE DOCUMENTS
EN COULEUR

DE

# PARIS A TOMBOUCTOU

EN HUIT JOURS

PUBLICATION
DE LA
CAISSE NATIONALE DES INVENTIONS & DÉCOUVERTES
38, RUE NOTRE-DAME-DES-VICTOIRES, 38

LIEUTENANT-COLONEL HENNEBERT

# DE PARIS A TOMBOUCTOU
## EN HUIT JOURS

PARIS
AUX BUREAUX
DE LA « REVUE DES INVENTIONS & DÉCOUVERTES »
38, RUE NOTRE-DAME-DES-VICTOIRES, 38
ET CHEZ TOUS LES LIBRAIRES

## OUVRAGES DU MÊME AUTEUR

Histoire d'Annibal. — En cours de publication. Deux volumes parus. — Paris, Firmin-Didot.

Cet ouvrage a obtenu, en [illegible], une mention honorable de l'Académie française.

Les Anglais en Égypte. — Paris, Jouvet, 1884.

L'Art militaire et la science. — Paris, G. Masson, 1885.

L'Artillerie de Bange. — Paris, G. Masson, 1885.

Les armées modernes. — Paris, Librairie illustrée, 1886.

L'Artillerie Krupp. — Paris, G. Masson, 1886.

L'Écurie horizontale. — Paris, G. Masson, 1887.

L'Artillerie. — Paris, Hachette, 1887.

L'Europe sous les armes, 4e édition. — Paris, Jouvet, 1887.

La France sous les armes. — Paris, Librairie illustrée, 1887.

Les Torpilles, 2e édition. — Paris, Hachette, 1888.

L'Autriche en 1888. — Paris, Librairie illustrée, 1888.

Nos Soldats. — Paris, Librairie illustrée, 1888.

Frontières de France. — Paris, Librairie illustrée, 1889.

A MONSIEUR ESTANGELIN

PROMOTEUR

DE LA REPRISE DES ÉTUDES DU CHEMIN DE FER TRANSSAHARIEN

*HOMMAGE RESPECTUEUX*

# AVANT-PROPOS

Il n'était bruit, il y a tantôt dix ans, que du *Transsaharien*, c'est-à-dire d'un projet de chemin de fer destiné à relier l'Algérie au Soudan central. Le projet recevait, à cette époque, un commencement d'exécution, mais la nouvelle d'une effroyable catastrophe venait bientôt couper court à toute espèce d'études et d'entreprises.

La question transsaharienne semblait dès lors vouée à l'abandon ; on la croyait délaissée, morte, ensevelie à jamais. Mais non !... elle n'était que tombée en léthargie. Voici qu'elle sort enfin d'un long sommeil et semble appelée au succès d'une brillante renaissance, aux gloires d'un bel avenir. Voici que d'éminents esprits la reprennent en sous-œuvre, cette grande question plus importante et sérieuse pour nous, Français, que celle du Panama.

Il convient donc de l'étudier à fond et, tout d'abord, d'en poser nettement les termes.

C'est ce que nous allons faire en toute conscience, sans idée préconçue ni parti-pris d'aucune sorte.

Qu'il nous soit permis de faire agréer ici l'expression de notre gratitude à tous ceux qui ont bien voulu nous renseigner, nous conseiller, sympathiser à l'idée de cette publication.

Ces remerciements s'adressent surtout à la mémoire de feu Jacqmin, le regretté directeur de la Compagnie des Chemins de fer de l'Est; — à M. Vivarez qui sait si bien les ressources de l'Afrique; — au R. P. Bresson, procureur des Missions d'Alger; — à M. Estancelin, promoteur de la reprise des études d'un chemin de fer qui doit vivifier l'Algérie.

A M. LE COLONEL HENNEBERT

Baromesnil, par Eu (Seine-Inférieure),
2 Juin 1889.

*Monsieur,*

*Je relisais précisément avec une attention toute particulière votre dernière et si patriotique publication « Frontières de France » quand m'est parvenue la lettre par laquelle vous m'annoncez l'aimable intention que vous avez de me dédier votre nouvel ouvrage DE PARIS A TOMBOUCTOU EN HUIT JOURS.*

*Si la vie publique offre parfois des déceptions, elle apporte aussi, avec de précieuses récompenses, d'agréables surprises; et celle que vous me causez aujourd'hui est des plus complètes.*

*Je ne m'attendais guère à ce que, au milieu de tant d'hommes si compétents et distingués par leurs travaux, vous eussiez choisi un des ouvriers de la dernière heure, pour l'honorer d'une marque publique d'estime, qui me touche profondément.*

*Un motif m'explique un peu votre choix. C'est que vous avez compris que j'étais, comme vous, fermement convaincu de la grandeur du projet dont vous vous occupez depuis longtemps déjà, et que je croyais parfaitement à la possibilité de l'exécution.*

*Il serait honteux pour la France de ne pas exécuter une entreprise moins considérable et moins difficile que celle qui vient d'être accomplie par les ordres de l'Empereur de Russie — en trois ans ! — et d'hésiter, alors que ce même souverain ordonne — disent les journaux — la construction d'une nouvelle ligne — la ligne Sibérienne de 8,000 kilomètres de parcours !*

*Notre industrie en souffrance cherche des débouchés ; notre population, en quête de pays neufs, passe les mers. Notre Algérie est la tête de ligne indiquée d'une voie nouvelle qui mettra, EN HUIT JOURS, Paris en communication avec une fourmilière humaine, échelonnée le long des bords d'un fleuve immense, navigable uniquement — si nous le voulons —*

*pour nos vaisseaux. Et nous hésiterions à entreprendre une œuvre qui serait aussi considérable pour notre pays et plus considérable encore que la découverte du Nouveau-Monde!...*

*Je me refuse à le croire.*

*Contribuer à la prospérité de son pays c'est faire une œuvre aussi patriotique que celle de la préparation de sa défense. Vous avez, Monsieur, admirablement compris et la défense et l'action.* DE PARIS A TOMBOUCTOU EN HUIT JOURS *est une publication pleine d'intérêt et d'actualité; elle arrive à son heure; elle résume avec une clarté parfaite toute la question et fait connaître le monde nouveau dont vous vous occupez.*

*Tous mes compliments pour le travail accompli et mes vœux pour que l'opinion publique, déjà éveillée, vous apprécie et vous seconde.*

*Merci d'avoir associé mon nom à vos travaux et à vos espérances.*

*Veuillez agréer, je vous prie, l'expression de mes sentiments les plus distingués.*

ESTANCELIN.

# ALGER-TOMBOUCTOU

## I

### La Commission supérieure de 1879.

Commençons par l'historique du *Transsaharien*.

Le premier projet de chemin de fer est dû à l'initiative de M. l'ingénieur des ponts et chaussées Duponchel, qui publia, à ce propos, une brochure dont on n'a pas oublié le retentissement prolongé.

Favorablement accueillie par le public, l'idée de M. Duponchel fut officiellement soumise à l'examen de M. Jacqmin, directeur du Chemin de fer de l'Est, et le savant ingénieur rédigea à ce sujet une note des plus intéressantes.

De ce travail, qui porte la date du 25 avril 1879, nous extrayons les considérations suivantes, dont la justesse ne saurait échapper à personne :

« Par ses voyageurs, ses négociants, ses diplomates, l'Angleterre a su prendre pied sur plus de la moitié des rivages africains.

« De Tunis, les explorateurs anglais et allemands se dirigent sans discontinuité vers le sud-ouest du continent convoité; d'autres, partant du Maroc, marchent vers le sud-est. Ils finiront par se rencontrer et nous barreront le passage.

« D'autre part, les gouverneurs turcs de Tripoli cherchent à se rattacher les Touareg; l'empereur du Maroc prétend exercer des droits de suzeraineté sur les oasis du Touat. Si l'on n'y prend garde, l'Algérie sera bientôt un territoire fermé au sud par le Maroc et Tripoli.

« Et, en attendant, les caravanes nous échappent. Elles se dirigent : les unes, vers Tripoli par R'damès; les autres vers le Maroc, par In-Sâlah.

« Il faut nous hâter de parer aux dangers qui nous menacent. »

Ces arguments eurent le don d'émouvoir notre gouvernement, qui résolut de prendre et prit parti dans la question soulevée. Il en ordonna immédiatement l'étude et, *proprio motu*, arrêta d'excellentes mesures, témoignant de son désir d'aboutir, au plus tôt, à une solution rationnelle.

Il convient de relater ici ces premiers efforts officiels qui, pour être demeurés stériles, n'en sont pas moins louables et dignes d'être consultés à titre de documents sérieux.

A la date du 12 juillet 1879, M. de Freycinet, alors ministre des Travaux Publics, adressait au président de la République un rapport exposant :

Qu'il avait, lui ministre, institué une *Commission préparatoire*, composée de :

MM. Tarbé de Saint-Hardouin, inspecteur général des ponts et chaussées, président; Legros et Hardy, inspecteurs généraux des ponts et chaussées; Meissonnier, inspecteur général des mines; Solacroup, directeur de la Compagnie du chemin de fer d'Orléans; Jacqmin, directeur de la Compagnie du chemin de fer de l'Est; Godin de Lépinay, ingénieur en chef des ponts et chaussées, secrétaire; Pérouse, ingénieur ordinaire des ponts et chaussées, secrétaire adjoint, et du commandant Périer, délégué du ministre de la guerre;

Que cette Commission préparatoire avait émis, à la date du 12 juin 1879, un avis motivé « CON-

SIDÉRABLE » (*sic*), à la suite duquel un vif courant d'opinion s'était manifesté dans les deux Chambres en faveur de la question du *Transsaharien*.

Et le ministre concluait en ces termes :

« J'ai, en conséquence, l'honneur de vous proposer de nommer une *Commission étendue* dans laquelle seraient groupées des spécialités diverses et qui comprendrait des membres du Parlement. Cette Commission aurait pour mandat d'arrêter le cadre définitif des études à entreprendre.

« Elle élargirait, en le précisant, le programme indiqué par la *Commission préparatoire*. Elle rédigerait les instructions pour les missions d'exploration. Elle déterminerait les conditions dans lesquelles ces explorations devraient être faites sans compromettre la vie des hommes et l'action de la France. Elle centraliserait les résultats obtenus et chercherait à dégager de l'ensemble un enseignement décisif... ».

En suite de ce rapport dûment approuvé intervint, le lendemain 13 juillet 1879, un décret présidentiel ainsi conçu :

« Article premier. — Il est institué, sous la

présidence du Ministre des Travaux Publics, une *Commission supérieure* pour l'étude des questions relatives à la mise en communication, par voie ferrée, de l'Algérie et du Sénégal avec l'intérieur du Soudan. Elle sera chargée notamment de préparer et de diriger ou aider des explorations tendant à établir la possibilité pratique d'une telle voie et la meilleure direction à lui donner.

« Art. 2. — Les ministres, le gouverneur général de l'Algérie, les sous-secrétaires d'État des Travaux Publics et de l'Agriculture et du Commerce, le directeur général et le directeur de la construction des chemins de fer font partie de droit de cette Commission.

« Elle est, en outre, composée des membres dont les noms suivent :

« Général d'Andigné, général de la Jaille, Duclerc, Lucet, Pomel, Lelièvre, Varroy, Foucher de Careil, sénateurs ;

« Paul Bert, Henri Brisson, Jozon, Journault, Périn, Rouvier, Gastu, Thomson et Jacques, députés ;

« Comte d'Arlot de Saint-Paul, ministre plénipotentiaire, délégué du ministère des affaires étrangères ;

« Général DE COLOMB, général COLONIEU, lieutenant-colonel FLATTERS, délégués du ministère de la Guerre ;

« LE GROS, inspecteur général des ponts et chaussées ; amiral DE FOUQUE DE JONQUIÈRES et général VALLIÈRES, délégués du ministère de la Marine ;

« BERGON, administrateur du service technique des télégraphes, et BARON, directeur de la région de Paris, délégués du ministère des Postes et Télégraphes ;

« POUYANNE, ingénieur en chef des mines, et MAC-CARTHY, géographe, délégués du gouvernement général de l'Algérie ;

« COSSON, DUMAS, DE LESSEPS, membres de l'Institut ;

« DAUBRÉE et MEISSONNIER, inspecteurs généraux des mines ;

« HUGOT, ingénieur des mines, directeur de la Compagnie des chemins de fer du Midi, et NOBLEMAIRE, aussi ingénieur des mines, directeur de l'exploitation des chemins de fer P.-L.-M.;

« GRAEFF, HARDY, PASCAL, TARBÉ DE SAINT-HARDOUIN, inspecteurs généraux des ponts et chaussées ;

« DUPONCHEL et GODIN DE LÉPINAY, ingénieurs en chef des ponts et chaussées ;

« JACQMIN, directeur de la Compagnie des chemins de fer de l'Est, et SOLACROUP, directeur de la Compagnie des chemins de fer d'Orléans ;

« DUVEYRIER, voyageur;

« Amiral de LA RONCIÈRE LE NOURY, président de la Société de Géographie (1) ;

« ART. 3. — MM. DUCLERC et BRISSON sont nommés vice-présidents ; GODIN DE LÉPINAY, secrétaire; PÉROUSE et ROLLAND, secrétaires adjoints (2);

« ART. 4. — La Commission pourra s'adjoindre un certain nombre de membres correspondants en résidence sur le continent. »

La première session de la Commission supérieure — session qui devait être unique — est celle de 1879-1880. Elle comprend trois séances, lesquelles se rapportent aux 21 juillet, 1er août et 27 octobre 1879.

Au cours de sa première séance (21 juillet), la Commission se fractionna en quatre sous-

(1) Ultérieurement, le général Arnaudeau fut nommé membre de la Commission supérieure.

(2) Fin juillet 1879, furent également nommés secrétaires adjoints : MM. Philippe, ingénieur des ponts et chaussées ; Vicaire et Pelletan, ingénieurs des mines ; Sévène, auditeur au Conseil d'Etat.

commissions qui prirent respectivement pour dénominations distinctives : *Soudan et Sahara* ; — *Études techniques;* — *Explorations;* — *Questions internationales* (1).

En sa deuxième séance (1er août), la Commission décida qu'il serait procédé—concurremment —à l'étude de plusieurs directions de voie ferrée transsaharienne, savoir: un tracé *occidental* côtoyant la frontière du Maroc; un tracé *oriental* poussé dans la direction de Biskra; et un tracé *intermédiaire* aux deux premiers, dans la direction de Laghouat.

La troisième sous-commission établissait, en même temps, les règles qui devaient, à son sens, présider à la conduite des explorations à entreprendre du 30me au 18me degré de latitude. Elle préconisait, du 30me au 27me degré, un sytème de petites expéditions dirigées par des officiers

(1) 1re SOUS-COMMISSION (*Soudan et Sahara*). — Membres : MM. Duveyrier, de Lesseps, général de Colomb, général Colonieu, etc.

2e SOUS-COMMISSION (*Études techniques*). — Membres : MM. Duponchel, Hardy, Jacqmin, Legros, Noblemaire, Pouyanne, etc.

3e SOUS-COMMISSION (*Explorations*).—Membres : MM. Mac-Carthy, de La Roncière, général d'Andigné, lieutenant-colonel Flatters, etc.

4e SOUS-COMMISSION (*Questions internationales*).—Membres : MM. d'Arlot de Saint-Paul, etc.

français appuyés de bonnes escortes indigènes ; au sud de la ligne *In-Sâlah-R'ât*, c'est-à-dire au-dessous du 27me degré, un système de voyageurs marchant isolément en manifestant hautement des dispositions essentiellement pacifiques. La sous-commission décidait, du même coup, qu'il serait procédé à l'étude de trois itinéraires distincts : l'un, d'*El Golea au Touat*, par le Gourara ; l'autre, d'*Ouargla au Touat*, par In-Sâlah ; le troisième, d'*Ouargla vers le Hoggar*, par Temassanin.

Au cours de sa troisième séance, qui fut tenue le 27 octobre 1879, la Commission supérieure, approuvant les propositions motivées de sa troisième sous-commission, décida que les études à entreprendre se classeraient en trois catégories distinctes établies en proportionnalité des difficultés à vaincre et des dangers à parcourir (1).

En vue de l'accomplissement desdites études, le ministre des Travaux Publics ouvrit im-

(1) PREMIÈRE CATÉGORIE.— Études sur le territoire de l'Algérie proprement dit.

DEUXIÈME CATÉGORIE. — PREMIÈRE MISSION : Étude des lignes *Biskra-Ouargla*, *Ouargla-El Golea* et *El Goléa-Laghouat*; DEUXIÈME MISSION : Reconnaissances techniques.

TROISIÈME CATÉGORIE. — Explorations sommaires à confier à des voyageurs isolés s'enfonçant dans le Sud sous bonne escorte, mais en témoignant partout de leurs intentions absolument pacifiques.

médiatement à la Commission un premier crédit de 200,000 francs (1).

Il fut enfin décidé que les entreprises classées sous la rubrique « Troisième catégorie » comprendraient l'étude des trois lignes suivantes, savoir : d'*El Goléa* à *In-Sâlah* par le Gourara et le Touat; — d'*El Goléa à In-Sâlah* directement; — d'*Ouargla* à *Temassanin*.

A quelques jours de là (à la date du 7 novembre 1879), le ministre des Travaux Publics, président de la Commission supérieure, donnait officiellement à M. Flatters, lieutenant-colonel du 72me de ligne, mission de diriger une exploration ayant pour but « la recherche et l'étude d'un « tracé de chemin de fer qui devait partir de « notre territoire algérien pour aller aboutir dans « le Soudan, entre le Niger et le lac Tchad. »

Ainsi, franchement lancée, l'affaire du *Transsaharien* allait entrer dans la première de ses phases pratiques. On était plein d'espoir; on comptait même sur un succès éclatant que tout, proclamait-on, semblait nous présager.

(1) Au budget général des dépenses pour 1880 est inscrit ce qui suit :

« CHAPITRE LXI *bis*

« *Premières études pour l'établissement d'un chemin de fer entre l'Algérie et le Niger*........... 200,000 fr. »

## II

### Un correspondant bien informé.

Le problème à résoudre se trouvait posé en termes catégoriques et — circonstance à noter! — il était posé officiellement.

Informé du fait de cette attache officielle et de l'intérêt spécial que le gouvernement français manifestait en faveur du succès des projets transsahariens, le public européen s'émut. Il entendit se mettre incontinent de la partie et tenir un rôle dans l'importante opération dont on venait d'arrêter le programme.

De toutes parts les idées se firent jour, des affaires se lancèrent. On avait la fièvre et, l'imagination aidant, des agités suçaient déjà voluptueusement toutes les moelles du Soudan central.

Ils ne se doutaient guère, ces bâtisseurs de

châteaux en Afrique, que les Africains avaient, comme ils l'ont encore, un correspondant à Paris (1), et que cet agent secret les tenait au courant de tout ce qui se passait ou se méditait en Europe.

Or voici ce que ledit correspondant parisien faisait connaître en substance à ses coreligionnaires soudanais et sahariens (nous ne faisons que traduire et interpréter) :

« Louanges à Dieu !

. . . . . . . . . . . . . . . . . . . .

« Les Américains, les Anglais, les Français se proposent d'établir partout des voies ferrées à l'effet de drainer, plus rapidement qu'aujourd'hui, les richesses de notre continent africain et, spécialement, celles du Soudan central.

« Les Américains étudient un tracé dirigé vers

(1) On ne connait généralement point le monde musulman. Sait-on, par exemple, qu'il est tel journaliste arabe qui rédige, non sans talent, une feuille dont le tirage s'élève à cent mille exemplaires ? Se doute-t-on que ces journaux *sui generis* s'expédient par ballots ; qu'ils circulent en tous sens, de Zanzibar à Mogador, aussi bien que d'Alger à Tombouctou ; qu'ils pénètrent jusqu'au cœur de l'Afrique ?

Qu'on ne s'étonne donc point de ce que les populations africaines entretiennent un correspondant à Paris. Elles en ont un ou plusieurs à Berlin comme à Londres, à Vienne, à Amsterdam, à Lisbonne, etc.

le Haut-Niger, à partir d'un point à déterminer dans l'État de Liberia.

« La hampe du pavillon britannique jalonne déjà toute la zone équatoriale. L'Angleterre aura prochainement un *rail-road* mettant en communication directe la côte de Zanzibar et les Grands-Lacs. Mais ces hautes visées ne l'empêchent pas de convoiter aussi les ressources de notre vallée du Niger. Sachez qu'un sujet anglais — Mr Burnell — a conçu le projet de relier par un chemin de fer la Tripolitaine au Soudan; sachez que, en vue de réaliser ce vaste dessein, une Compagnie anglaise (*limited*) vient de se constituer au capital de 1,500,000 liv. st. Apprenez que cette ligne doit passer par Tripoli, Mourzouk, R'ât et, de là, piquer droit sur Bamba par Asiou, Timissao et Tademekka.

« De ce fait, voilà R'ât qui va prendre des accroissements considérables! Voilà ruinés, du coup, In-Sâlah et R'damès!...

« Mais de tous les infidèles les Français sont sans contredit les plus téméraires. Une *Compagnie du Transsaharien* s'est, en effet, constituée suivant acte authentique en date du 6 avril 1879. Il s'est créé, presque en même temps, une *Association des Deux-Mondes* pour le développement d'une prétendue civilisation et l'abolition de la traite par le moyen des chemins de fer. Quelles énormités! Cette ambitieuse association rêve un « réseau du Soudan » et un second réseau dit « de l'Afrique centrale ». Une autre Compagnie, également en formation, propose l'établissement d'une immense *ligne d'Alger au Cap!* Une autre encore préconise la création d'un *Grand Transcontinental Africain* destiné à mettre Saint-Louis-du-Sénégal en communication directe avec le détroit de Bab-el-Mandeb. Ce serait là un nouveau chemin des Indes, appelé à faire concurrence au canal de Suez.

« Ainsi, la question d'où dépend notre avenir s'étudie de toutes parts! Ainsi les Infidèles s'attachent — pour notre ruine — à la recherche d'une foule d'inventions diaboliques!

« Vous ne manquerez pas d'observer que quelques-uns de ces projets de chemins de fer ont été conçus par des insensés, par d'aucuns de ces fous furieux dont Dieu a dit : *Ils ne respireront point les parfums du ciel.* Et cependant ces parfums se répandent si loin de leur source que nous mettrions plus de cinq cents ans à franchir la distance!

. . . . . . . . . . . . . . . . . . . .

« Tant que nous n'avions en perspective que des efforts de Français isolés, même d'entreprises de Compagnies ou Associations particulières disposant de ressources financières considérables, mais en somme limitées, nous avions peu de chose à craindre et je n'avais seulement pas jugé utile de vous saisir de ces chimères! Mais voici que le gouvernement français vient, à son tour, d'entrer en scène et menace directement notre indépendance! La chose est grave, attendu qu'un gouvernement quelconque a toujours sous la main des monceaux d'or et des forces militaires immenses.

« Donc ceux qui gouvernent aujourd'hui la France viennent de donner à un officier du nom de Flatters mission de descendre le continent africain du nord au sud, à partir du littoral de la Méditerranée, et de le descendre jusqu'au Soudan central. Cette expédition a pour objet l'étude d'un tracé de chemin de fer, chemin qui doit aller de l'Algérie à un point à déterminer entre le lac Tchad et le Niger;

« Vous voilà prévenus!

. . . . . . . . . . . . . . . . . . . . . . . .

« Réussira-t-il, ce Flatters? Je ne le crois pas et dois vous expliquer pourquoi.

« Par où passera-t-elle, cette mission française? Par R'damès et R'ât? Mais R'damès a fait soumission au Sultan de Stamboul (Constantitople) ; et R'Ât vient de recevoir une garnison turque. Par In-Sâlah? Pas davantage, car les prudents Touatia se sont jetés dans les bras du Sultan du Maroc. Flatters ne peut donc pratiquer que la vallée de l'oued Igharghar, c'est-à-dire descendre dans le sud par Ouargla, Temassanin, Amadr'or, etc. Mais l'exécution d'un tel dessein me semble, à moi, singulièrement ardue. Pourquoi? C'est que la mission Flatters aura à compter avec les Touareg, et que ceux-ci ne manqueront certainement point de lui barrer le passage. Ils le lui barreront, parce que l'ouverture d'un chemin de fer transsaharien ne serait pour eux autre chose que le prélude d'une ruine absolue. Vous savez — comme moi — que ces farouches Touareg gardent les portes du Sahara et celles du Soudan ; qu'ils prélèvent sur toutes les caravanes un droit d'entrée, un droit de transit, un droit de sortie et qu'ils « razent » impitoyablement « à blanc » celles qui tentent de passer en contrebande de leur surveillance. Jamais, au grand jamais ils ne donneront les mains à une entreprise dont le succès serait la mort de leur honnête industrie !

« J'en suis à me demander comment il peut se faire que les Français, dont l'intelligence est tant et si bien éveillée, aient négligé d'envisager la question sous cette face et tenu aussi peu de compte des conditions économiques qu'elle comporte.

« Quoi qu'il en soit, Flatters — je le répète — ne réussira point. On peut s'en rapporter aux Touareg du Nord. Vous savez ce que les gens du Tidikelt disent de ces brigands : « Les « Touareg n'ont pas d'amis. Il n'y a de bon chez « eux que leurs chameaux rapides. Braves, rusés, « patients, comme tous les animaux de proie, « ne vous fiez pas à leur parole. Ce sont des « traîtres. Que l'un d'eux vous donne l'hospi- « talité, vous n'aurez rien à craindre de lui tant « que vous serez sous sa tente, ni après que « vous en serez sorti ; mais il aura prévenu, en « temps utile, ses compères qui vous tueront... « et, tous ensemble, ils se partageront vos dé- « pouilles. »

. . . . . . . . . . . . . . . . . . . . . .

« Peut-être objecterez-vous que les Touareg du Nord ont consenti, en 1862, un traité à la France, même deux traités, dont l'un secret. C'est ce que nous appelons le « pacte de R'damès. » Ce que vous ignorez, c'est que l'instrument du traité secret n'existe plus. Comment?.. C'est que moi, en fidèle mandataire que je suis, j'ai su prendre, en temps opportun, soin de vos intérêts, de votre sûreté, de votre indépendance. C'est que, en 1871, à la faveur des troubles que les Parisiens appellent les « Événements de la Commune », j'ai su faire enlever des Archives du ministère des Affaires étrangères de France l'instrument dudit traité secret de R'damès qui liait lesdits Touareg du Nord. L'œuvre de Mircher et de Polignac étant ainsi anéantie, le Gouvernement français ne possède plus d'instrument qui lui permette de se faire respecter.

« Informez qui de droit de ce que je viens de vous apprendre et demeurez en paix.

« Flatters n'arrivera pas au Soudan, *in châ Allah* (s'il plaît à Dieu) ! »

## III

## La Mission Flatters.

Cependant, loin de se douter du fait de l'émotion profonde des populations sahariennes et soudanaises, — que leur correspondant de Paris avait, comme on vient de le voir, fort exactement renseignées, — le colonel Flatters venait de réunir le personnel dont il avait jugé le concours nécessaire au succès de son expédition téméraire. Le 9 janvier 1880, ce personnel (1)

(1) Le personnel de la première mission Flatters comprenait :

MM. Masson, capitaine d'état-major; — Béringer, ingénieur des Travaux de l'État; — Roche, ingénieur des mines; — Bernard, capitaine d'artillerie; — Brosselard, sous-lieutenant au 4e de ligne; — Lechatelier, sous-lieutenant au 1er Tirailleurs; — Guiard, médecin-major; — Cabaillot, conducteur des ponts et chaussées; — Rabours'embarquait à Marseille à bord de l'*Immaculée-Conception.*

Le 5 mars suivant, la mission, complètement organisée (1), opérait son départ d'Ouargla et s'enfonçait résolument dans le Sud, suivant la direction indiquée par le ministre des Travaux Publics, président de la Commission supérieure du Transsaharien.

D'Aïn Taïba, limite méridionale du territoire de parcours de nos tribus algériennes, elle gagna la vallée de l'oued Igharghar, s'arrêta deux jours à l'oasis de Temassanin et, de là, se mit à descendre, toujours dans le Sud, vers la plaine d'Amadr'or. Mais elle ne devait pas parvenir

---

din, chef de section du cadre auxiliaire des Travaux de l'État.

Ultérieurement, à Biskra, le colonel recruta douze *zéphyrs* (soldats des bataillons d'Afrique) et huit indigènes, hommes de service; à Ouargla, trente hommes d'escorte, guides ou chameliers-chefs et cinquante chameliers.

(1) Le matériel dont la mission était pourvue se composait de : six mois de vivres (farines, conserves, thé, café, riz, sucre); — l'orge nécessaire à la nourriture de quinze chevaux durant le même laps de temps; — cinquante barils affectés au transport de l'eau; — cent fusils Gras, quarante revolvers et vingt-cinq mille cartouches; — instruments d'observations scientifiques; — marchandises d'échange (étoffes, articles de Paris, bijoux faux, oripeaux de théâtre, armes de Liège, etc).

Ces bagages étaient arrimés à dos de trois cents chameaux achetés à Ouargla.

jusqu'à ce point célèbre de par la foire qui s'y tenait jadis.

Les Touareg allaient lui barrer le chemin.

---

Le colonel Flatters était campé sur les bords du lac Menghough quand, à certains indices infaillibles, il s'aperçut que les pirates du désert lui tendaient un piège et déjà l'enveloppaient.

Que faire?

Conformément aux instructions du ministre, la mission n'avait pas été organisée militairement; elle ne s'était point ménagé le soutien d'une *ligne d'opérations* solide, d'un chapelet de points forts en arrière. Dénuée de communications, elle se trouvait lancée dans l'espace isolée, et, comme on dit, *en l'air*.

Donc, assemblés en force dans le voisinage du lac Menghough, des Touareg cernaient le camp français. Le colonel Flatters jugea de suite que cette situation critique réclamait de sa part une action aussi énergique que rapide. Incontinent, il donna l'ordre de recharger les chameaux, à l'effet de sortir du coupe-gorge dans lequel on se trouvait engagé.

---

« Nous prîmes la route du sud, dit un des

officiers de la mission (1), dans le dessein de contourner le lac Menghough pour redescendre de l'autre côté dans la plaine; mais à peine avions-nous fait cinq cents mètres que nous nous trouvâmes en présence d'une centaine de Touareg rangés en bataille, la lance en arrêt, résolus à nous disputer le passage.

. . . . . . . . . . . . . . . . . . . . . . . . . .

« Il fallut nous arrêter et dresser de nouveau les tentes de notre camp.

. . . . . . . . . . . . . . . . . . . . . . . . . .

« Le colonel Flatters entra immédiatement en pourparlers avec les chefs ennemis et entama avec eux une série de conférences qui durèrent quarante-huit heures, pendant lesquelles il ne prit aucun repos.

« A l'issue de ces conférences, il réunit en conseil de guerre tous les membres de la mission et leur fit, avec la plus grande simplicité, l'exposé de la situation.

. . . . . . . . . . . . . . . . . . . . . . . . . .

« A l'unanimité, il fut décidé que le lendemain, dès l'aube, le convoi se remettrait en marche et se dirigerait, par Ouargla, vers Laghouat.

---

(1) M. Henri Brosselard, *Voyage de la mission Flatters au pays du Touareg-Azdjer*. — Paris, Jouvet, 1883.

« En somme, il fallait battre en retraite et renoncer, au moins pour le moment, à poursuivre notre entreprise.

« En sortant du conseil nous pleurions des larmes de rage.

. . . . . . . . . . . . . . . . . . . .

« Cela se passait le 20 avril (1880).

« Durant la nuit, chargé de la garde du camp, je vis venir à moi le colonel. — Êtes-vous sûr, me dit-il, de vos hommes du bataillon d'Afrique? — Oui, répondis-je, ils feront ce qui leur sera commandé. — Eh bien! avant le jour, vous ferez charger les chameaux... et le convoi se mettra en route, sans bruit, pour sortir des dunes et gagner la plaine. Que tout se fasse aussi rapidement et silencieusement que possible. Le capitaine Masson, vous et vos hommes formerez l'arrière-garde. Si les Touareg veulent nous poursuivre, vous vous arrêterez à l'entrée du défilé et vous y tiendrez, coûte que coûte, jusqu'à ce que le convoi soit en sûreté.

. . . . . . . . . . . . . . . . . . . .

« Vers quatre heures du matin, les chameaux étaient chargés et commençaient à descendre les contreforts de la dune. Nous restâmes au poste qui nous avait été assigné jusqu'à ce que le dernier chameau eût été prendre son rang dans la plaine et, quand le jour parut, nous eûmes la satisfaction de voir la caravane s'éloigner dans les prairies de l'oued Tidjoudjelt.

. . . . . . . . . . . . . . . . . . . . .

« A leur réveil, les Touareg, n'apercevant plus notre camp, commencèrent à s'agiter en désordre, comme des gens surpris. Ils couraient de l'un à l'autre, s'interrogeant, semblant attendre un mot d'ordre qu'ils eussent dû recevoir. Ils cherchaient leurs chefs devenus introuvables, paraissaient étonnés de n'en voir aucun venir se mettre à leur tête. C'est à la confusion qui régna tout d'abord parmi eux que nous dûmes de n'être pas attaqués et de pouvoir rejoindre notre convoi sans coup férir.

. . . . . . . . . . . . . . . . . . . . .

« Pendant les conférences qu'il avait eues la veille avec les chefs Azdjer, le colonel, devinant bien à leurs propos qu'une attaque de leur part était inévitable, imminente... et, désespérant d'obtenir leur concours, s'était décidé à acheter leur neutralité.

« C'est pour cela que le lendemain, quand les Touareg, en voyant défiler la caravane, s'étonnèrent de ne pas recevoir l'ordre de nous barrer le chemin et cherchèrent ceux qui devaient leur en donner le signal, ils ne les trouvèrent plus.

« Ceux-ci avaient profité de la nuit pour s'éloigner, emportant dans le désert le prix de leur trahison.

. . . . . . . . . . . . . . . . . . . .

« Nous marchions maintenant dans une vaste plaine où nos armes à feu nous assuraient une incontestable supériorité.

« Le 17 mai, nous campions dans la sebkha d'Ouargla !... le 3 juin, nous arrivions à Laghouat...... nous félicitant d'être sortis à aussi bon compte des dangers si sérieux que nous avions courus. »

---

Le 18 mai, c'est-à-dire dès le lendemain de son arrivée à Ouargla, le colonel Flatters prenait congé de ses compagnons de voyage. Il avait hâte de gagner Paris pour y rendre à qui de droit compte de sa mission, relater les faits accomplis, expliquer les raisons de son brusque retour, exposer les modifications importantes qu'il se proposait d'apporter à son premier plan d'expédition. Il pensait, en effet, que, dans les conditions où elle avait été tentée, son entreprise n'avait eu aucune chance de succès ; que, parfaite pour marcher en pays ami, l'organisation de sa caravane n'était pas celle qu'il eût été convenable d'adopter. Il se disait qu'espérer avoir raison des instincts farouches des Touareg en leur prodiguant des témoignages de confiance et d'amitié, c'était commettre une grave imprudence; que se hasarder chez eux sans un appareil militaire imposant, c'était faire une lourde faute; que, pour lui, il entendait s'organiser désormais sur des bases solides, faire prédominer l'élément militaire dans la composition de son personnel et se mettre ainsi en état de réduire par la force les résistances qui pourraient encore se produire sur son chemin.

Telles étaient les dispositions d'esprit que le colonel Flatters avait manifestées aux compagnons de voyage dont il s'était séparé à Ouargla, non sans prendre avec eux rendez-vous en vue d'une prochaine reprise des explorations. Telles étaient les résolutions qu'il avait arrêtées.

Que n'a-t-il persévéré dans ces desseins frappés au coin de la sagesse la plus élémentaire?

---

A Paris, malheureusement, le franc et valeureux soldat eut affaire à des doctrinaires nourris d'idées préconçues et absolument ignorants de la façon dont les choses se passent au cœur du Sahara. Ces intrépides personnages eurent le talent de le circonvenir si bien qu'il crut devoir céder à leurs instances; qu'il finit par consentir à n'apporter que des modifications insignifiantes à la composition de son petit corps expéditionnaire.

Il fut, dès lors, évident aux yeux de tous les vieux Africains, gens du métier, que la nouvelle expédition ne pouvait faire autre chose que courir de gaieté de cœur à sa perte.

---

Partie de Laghouat le 24 novembre 1880, la seconde mission Flatters (1) atteignait, le 29 janvier 1881, la sebkha d'Amad'ror et, de là, poursuivait sa marche à l'effet de descendre, *suivant ses instructions*, jusqu'au golfe de Guinée!...

Le pauvre colonel ne devait pas, hélas! aller si loin que cela.

. . . . . . . . . . . . . . . . . . .

Il se trouvait, le 16 février 1881, en un point

(1) Le personnel de cette seconde mission comprenait, outre le colonel Flatters : MM. Masson, Beringer, Guiard et Roche, qui avaient pris part à la première exploration; — en fait de recrues nouvelles, deux officiers : MM. Santin et de Dianous; — deux maréchaux des logis : Dennery et Pobéguin; — au total, dix Français, y compris l'ordonnance du colonel.

L'escorte se composait de 85 spahis ou tirailleurs. Suivait le bagage, porté à dos de 250 chameaux.

sis entre le puits d'Asiou et Agadès — la capitale de l'Aïr — quand il tomba victime du guet-apens qui a si douloureusement affecté tous les cœurs français.

. . . . . . . . . . . . . . . . . . . . .

Donc, le 16 février, trahi par ses guides Touareg, abandonné de ses Châanba, Flatters était sabré par le misérable Sghir ben Cheikh. D'autres bandits assassinaient, au même moment, le capitaine Masson, le docteur Guiard, M. Roche, M. Beringer et le maréchal des logis Dennery.

. . . . . . . . . . . . . . . . . . . . .

Alors — sous la conduite de MM. de Dianous, Santin et Pobéguin — commença la retraite des malheureux soldats qui n'avaient pas été massacrés sur l'heure.

Elle ne fut, hélas! cette retraite, qu'une longue et cruelle agonie au cours de laquelle ces condamnés à mort eurent à endurer toutes les douleurs corporelles, toutes les tortures morales qu'il soit possible d'imaginer. Vaincus par la faim, par la soif, la fièvre, le fer ou le poison, ils tombèrent, l'un après l'autre, sur le sol du pays maudit.

Seuls survivants de l'horrible catastrophe, trois ou quatre tirailleurs de l'escorte en apportèrent la nouvelle en Algérie. Ils avaient, par miracle et sans savoir comment, échappé à d'invraisemblables périls.

On sut par eux que, durant les derniers jours de leur retraite effroyable, ces désespérés s'étaient vus réduits à l'obligation de se nourrir de chair humaine..... on sut aussi que, succombant à la souffrance, le lieutenant de Dianous avait fini par perdre la raison.

. . . . . . . . . . . . . . . . . . . .

Flatters et ses compagnons sont tous morts !... Ils sont là-bas qui dorment sous le sable des dunes... Paix à leurs ossements blanchis !

## IV

### Revanche à prendre.

« La France se doit à elle-même, a dit l'un « des membres de la première expédition Flatters (1), la France se doit de ne pas laisser sans « vengeance la mort de ses enfants. En même « temps qu'elle gardera pieusement la mémoire « de leur dévouement aux progrès de la civilisation et aux gloires de la patrie, elle est aujourd'hui engagée à la poursuite de leur œuvre par « la nécessité de punir leurs assassins. »

L'auteur de ces lignes inspirées par un vif sentiment de dignité nationale, l'ancien compagnon des explorateurs massacrés se faisait

---

(1) M. Henri Brosselard, *Voyage de la Mission Flatters au pays des Touareg Azdjer.* — Paris, Jouvet, 1883.

malheureusement des illusions étranges. Non, Flatters ne devait pas être vengé ; non, ses assassins n'avaient à craindre aucune espèce de châtiment. La France était condamnée à rester sous le coup d'un sanglant affront, à dévorer sa honte. Les sectaires naïfs qui entendaient qu'on ne prît les Touareg que par les sentiments, ces ignorants n'ont pas fait seulement le moindre *mea culpa*.

Et se désintéressant, dès lors, de toute recherche de solution du grand problème Transsaharien, l'opinion publique s'empressa d'organiser à ce sujet la conspiration du silence.

Et nous avons *avalé* la douleur... pour ne pas dire la honte !

---

Mais il est des questions qu'on ne peut étrangler, des courants d'opinion auxquels personne ne résiste, des espérances qu'aucun accident ne saurait ruiner. Or notre siècle a une perception très nette des conditions générales de l'avenir ; il a l'intuition des événements qui se préparent et ses aspirations ont pris une orientation précise.

Ce siècle, qui va finir, tend fatalement à déverser sur quelque théâtre neuf le trop-plein de son activité, d'une activité au développement de laquelle l'Europe n'offre plus un champ de dimensions et de libertés suffisantes.

Et, puisque nous parlons de champ, ne semble-t-il point que, aux termes d'une loi mystérieuse, chaque partie du monde soit, à son tour, appelée à voir fleurir chez elle ce qu'on appelle la civilisation? Ne dirait-on pas que cette patrie temporaire des arts, des sciences, des lettres, de l'industrie et des richesses doive, une fois les temps venus, sentir venir la décadence et que, terre épuisée, elle ne puisse plus nourrir ses habitants ?

. . . . . . . . . . . . . . . . . . . . . . . . . .

C'en est fait, sa sève est tarie... on abandonne un sol désormais infécond, et bientôt les hautes herbes servent d'ornements funéraires aux pierres des édifices en ruine.

Mais une autre partie du sphéroïde terrestre ne tarde pas à recueillir l'héritage de la morte. C'est vers d'autres contrées supposées fertiles que se porte aussitôt la civilisation ; ce sont des terres sinon vierges, du moins reposées, que vont travailler ceux qui ont été chassés de leurs foyers par la difficulté d'y vivre.

Chaque région du globe peut, suivant cette loi, compter dans l'histoire de l'Humanité plusieurs âges de splendeur, âges séparés par des périodes plus ou moins longues de barbarie, nous voulons dire de repos de la vie civilisée, si dévorante à tous égards.

Hâtons-nous d'ajouter que les pays morts peuvent effacer les traces de leurs anciennes ruines, se refaire et renaître à la civilisation.

Telles ont été, par exemple, les destinées de l'Asie qui, fatiguée de ses longs siècles de prospérité, s'est un jour endormie dans la mort des nations. L'Europe romaine a hérité de sa puissance. Aujourd'hui, cette Asie se réveille à l'appel du génie russe et son sommeil aura sans doute été réparateur.

---

Notre Europe, elle aussi, a eu des siècles de grandeur et d'autres siècles de misère ; elle a compté des âges brillants et d'autres âges au cours desquels tout son éclat s'est éclipsé. Pour ce qui est du XIXe siècle, il a fait du progrès à outrance, tant de progrès que notre sol européen en est usé. La vie y est devenue tellement difficile qu'il va bientôt falloir aller chercher fortune ailleurs.

Chacun sait, en effet, que, sur tous les points de notre pauvre vieil Occident, les crises succèdent aux crises et que les industries se meurent. Pourquoi? C'est que partout la production l'emporte sur la consommation; que nous avons fait l'éducation industrielle de nos clients d'autrefois; que ceux-ci ont vite imité leurs maîtres et que, par conséquent, nous n'avons plus de clientèle.

Où trouver désormais des débouchés commerciaux? se sont anxieusement demandé les nations occidentales. Après maints tâtonnements, elles ont jeté les yeux sur le continent africain — ce continent noir encore plongé dans ce qu'on est convenu d'appeler les ténèbres de la barbarie — et toutes, à l'envi, se sont fiévreusement précipitées dans l'arène entr'ouverte.

L'Afrique, tel est aujourd'hui l'objectif du monde européen, il est même permis de dire des Deux Mondes, puisque les Américains ne désavouent point la prétention qu'on leur prête d'avoir, eux aussi, part au vaste territoire dont toutes les puissances rêvent l'exploitation. La voilà entamée sur presque tout son pourtour, cette immense et mystérieuse Afrique; la voilà même déjà atteinte au cœur!

Les Anglais y ont, en effet, créé nombre d'établissements permanents. La Gambie, Sierra-Leone, la Côte d'Or, Lagos, les rives du Niger, le Cap, Natal, le Transvaal, l'Égypte ont vu, tour à tour, arborer le pavillon britannique. Le gouvernement de la Reine exerce, de plus, son influence, une influence incontestable sur le Maroc, l'Abyssinie, Zanzibar, etc. ; il entretient partout des agents consulaires ; il protège, en tous lieux, ses missions protestantes.

Entrés tardivement dans la carrière des entreprises coloniales, les Allemands y marchent d'un pas rapide. Ils ont pris pied sur la côte occidentale; ils essayent maintenant de s'établir sur le littoral de l'Océan Indien. L'empereur Guillaume II se montre plus que gracieux pour l'empereur du Maroc.

Au Congo, les Belges se sont assez solidement installés.

Nous y sommes aussi, nous Français. Nous avons, en outre : l'Algérie, des possessions au Sénégal, Sedhiou sur la Gambie, plusieurs comptoirs sur la côte de Guinée ; nous sommes au Gabon, à Obock. La Tunisie a reconnu notre protectorat.

L'Italie l'eût bien voulue pour elle, cette régence de Tunis sur laquelle elle prétend revendiquer des droits vingt fois séculaires. Faute d'avoir pu les faire prévaloir, ces droits à son sens méconnus, elle a pris position sur la mer Rouge et ne dissimule que difficilement son goût prononcé pour les trésors de la Tripolitaine.

Mais c'est le Sultan qui règne à Tripoli de Barbarie et qui n'est guère, pensons-nous, disposé à l'abandon de cette régence, non plus qu'à celui de ses droits — platoniques, avouons-le — sur l'Égypte. Entre temps, il a envoyé des troupes turques tenir garnison à R'ât.

L'Espagne a gardé sur la Méditerranée Ceuta, le Peñon de Velez, Mellila et Alhucemas ; elle n'oublie pas qu'elle a longtemps dominé le Maroc.

Le Portugal, enfin, a des établissements en Sénégambie, au Congo ; il possède l'Angola, le Benguela, le Mozambique, etc.

Le continent africain se trouve donc enserré sous une ceinture de possessions européennes qui en bordent plus ou moins largement les côtes, et cette enceinte quasi continue est couverte, en deçà du littoral, par quantité d'îles, qui, occupées aussi par des Européens, en constituent comme les forts détachés.

L'Angleterre possède l'Ascension, Sainte-Hélène, les Seychelles ; elle est établie à Madagascar. L'Espagne a les îles Annobon et les

Canaries ; le Portugal, Madère, Porto-Santo, l'archipel du Cap-Vert, Saint-Thomas, l'île du Prince, etc; la France, l'île de Gorée, la Réunion, Sainte-Marie de Madagascar et plusieurs îles du groupe des Comores.

---

Appuyées chacune de la base d'opérations qu'elles ont su se ménager, les puissances européennes se sont, dès le quinzième siècle, hardiment lancées dans l'intérieur avec l'espoir d'y fonder des établissements permanents ou, du moins, de s'y créer d'utiles relations commerciales. A ne parler ici que de nos temps modernes, on ne compte plus, tant le nombre en est grand, les reconnaissances qui y ont été poussées par des voyageurs intrépides.

Qui ne connaît de nom les Anglais Mungo-Park, Denham, Clapperton, Alexandre Gordon Laing, les frères Lander, Lair et Oldfield, Richardson, Baikie et May, Speke et Burton, Grant et Samuel Baker, Livingstone, Cameron, Gordon, Stanley, etc. ?

Qui n'a entendu parler des Allemands Henri Barth, Overweg, Vogel, Schweinfurth, Rohlfs, Nachtigal, etc. ?

Qui ne sait les vaillantes entreprises de nos

compatriotes Mollien, René Caillié, Maizan, Le Saint, Jules Gérard, Mage, Duveyrier, marquis de Compiègne, de Colomb, Colonieu, Soleillet, Savorgnan de Brazza, etc.?

Le continent africain est parcouru par des explorateurs de toute nation tels que l'Italien Gessi, le Portugais Serpa Pinto, etc. On y rencontre des Autrichiens, des Danois, des Américains, etc; il est même parfois visité par des femmes comme M^me et M^lle Tinne, M^me Van Capellen, Mrs Helmore, Mrs Livingstone, Mrs Samuel Baker, etc.

---

Ces grands voyages ont été l'objet de plus d'un encouragement officiel.

Considérant que l'Algérie et le Sénégal peuvent être dits les deux pôles d'un courant civilisateur destiné à vivifier l'Afrique, la Société de géographie de Paris fondait, en 1855, un prix à décerner au voyageur qui, parti de l'une des deux colonies, arriverait à l'autre en suivant un itinéraire passant par Tombouctou.

A vingt ans de là (septembre 1876), le roi des Belges ouvrait à Bruxelles une conférence internationale aux séances de laquelle étaient convoqués les présidents des principales Sociétés de géographie de l'Europe, ainsi que tous les personnages qui « du fait de leurs voyages, de leurs « études et de leur philanthropie, sont devenus « les réprésentants de l'idée de la civilisation du « continent africain (1) ».

Jusqu'à présent, exposait le roi Léopoid, les efforts ont été individuels; il s'agit de les grouper en un faisceau puissant. Jusqu'ici, les expéditions particulières esquissées en Afrique ont eu pour but d'y tenter l'abolition de l'esclavage, d'en percer les ténèbres, d'en étudier les ressources, d'y verser à grands flots la civilisation. Mais les croisades modernes doivent se proposer encore un autre but. Pour permettre à l'industrie européenne de poursuivre ses progrès, il est indispensable de lui ouvrir de nouveaux débouchés;

(1) Ont pris part à la conférence internationale de Bruxelles : MM. l'amiral de la Roncière Le Noury, président de la Société de géographie de Paris, Maunoir, secrétaire de ladite Société, de Lesseps, Henri Duveyrier, marquis de Compiègne, etc., représentant la France.

L'Allemagne était représentée par MM. de Richthofen président de la Société de géographie de Berlin, Rohlfs, Schweinfurth, Nachtigal, etc.

L'Italie, par le commandeur Negri, etc.;

L'Autriche, par M. de Hochstetter, président de la Société de géographie de Vienne, le comte Zichy, le baron Hoffmann, le lieutenant Lux, etc.;

La Belgique, par M. Emile Banning, etc.

il faut lui donner accès aux marchés de l'Afrique. Notre entreprise doit affecter un caractère essentiellement international. Il ne s'agit point ici de faire des conquêtes au profit d'un seul et unique État, mais de faire entrer le continent noir dans le grand courant de la civilisation européenne, d'entamer des relations commerciales avec les indigènes; et cela, au profit de l'humanité tout entière.

---

Après l'exposé de ce programme, le roi des Belges pria les membres de la Conférence : de fixer des bases d'opérations à établir sur la côte de Zanzibar et près de l'embouchure du Congo; — de déterminer approximativement le tracé des routes à frayer successivement de là vers l'intérieur, moyennant une création méthodique de bonnes stations hospitalières; — de constituer, en vue de l'exécution de ce projet, un *Conseil international* ayant mission de centraliser les opérations des *Comités nationaux* à instituer dans les divers États de l'Europe.

Après quatre jours de délibération, la Conférence fit connaître ses résolutions motivées. Il y a lieu, déclara-t-elle, d'établir une ligne de stations permanentes de Bagamoyo à Saint-Paulde-Loanda. Les premières stations seront respectivement celles d'Oujiji et de Loualaba. Le *Conseil international*, présidé par S. M. le roi des Belges, se composera de trois membres : l'un (français), M. de Quatrefages ; l'autre (anglais), Sir Bartle Frère ; le troisième (allemand), le docteur Nachtigal (1).

Chargés du soin de populariser le programme adopté par la Conférence de Bruxelles et aussi de recueillir les souscriptions *ad hoc*, les *Comités nationaux* ne tardèrent pas à se constituer (2).

---

(1) Furent, en outre, institués membres *honoraires* du Conseil international :

Le roi de Suède, le roi de Saxe, le duc de Bade, le duc de Saxe-Weimar, le grand-duc Constantin de Russie, le prince-héritier de Danemarck, l'archiduc Charles-Louis d'Autriche, etc., et même le sultan de Zanzibar !!!...

(2) En Belgique, sous la présidence du comte de Flandre, frère du roi ;

en Allemagne, sous les auspices du prince impérial (Frédéric III), et la présidence du prince de Reuss ;

en Hollande, sous la présidence du prince Henri ;

en Autriche, sous les auspices du prince impérial (archiduc Rodolphe), et la présidence du baron Hoffmann ;

en Italie, sous la présidence du prince héritier ;

en Espagne, sous celle du roi (Alphonse XII).

En Angleterre, enfin, l'*African exploration fund* se constitua sous le patronage du prince de Galles.

MM. Bouthillier de Beaumont, le juge Daly et l'amiral de la Roncière Le Noury acceptèrent mission de constituer respectivement des comités nationaux en Suisse, aux États-Unis et en France.

L'affaire était lancée ; l'Europe entière, conviée à prendre part à l'œuvre de civilisation et d'exploitation du continent africain. Le succès des conférences de Bruxelles eut, en tous lieux, un immense retentissement ; l'élan fut universel.

C'est alors que se produisit en France l'idée d'un chemin de fer Transsaharien ; que furent successivement instituées la « Commission préparatoire » et la « Commission supérieure » dont nous avons relaté les travaux ; que fut résolue et entreprise l'expédition Flatters dont nous avons rappelé l'issue à jamais déplorable.

Voilà dix ans que nous portons le deuil de nos compatriotes massacrés. Il est temps de reprendre courage et de marcher derechef en avant. Il ne s'agit point de faire acte de vengeance, mais œuvre de progrès.

## V

### L'objectif de la France.

Donc les nations européennes méditent à l'envi une exploitation méthodique du continent africain. Pour nous, Français, maîtres de l'Algérie, notre objectif indiqué, c'est le Soudan. Oui, le mystérieux Soudan, voilà le pays dont nous rêvons, voilà l'eldorado (1) qui nous attire!

---

(1) Pour les géographes des XVIe et XVIIe siècles, le Soudan est effectivement le pays de l'or par excellence ou, comme on dit de nos jours, une vraie Californie. Une carte de l'Atlas de Mercator — éditée à Amsterdam en 1609 — est revêtue de cette annotation significative: *In hoc regno* (le Soudan) *aurum invenitur in magna copia.*

Et de nos jours, le 23 mai 1831 :

« Il résulte des recherches faites sur les lieux, écrivait le comte de Navailles au maréchal Soult, il résulte que les mines de ce pays-là sont si abondantes qu'on pourrait en tirer plus de matières d'or que l'Espagne et le Portugal n'en ont jamais tiré du Brésil, du Pérou et du Mexique. »

Soulevons un instant le voile dont se couvre encore à nos yeux cette lointaine région fortunée (1).

On comprend, sous la dénomination générique de *Soudan* (2), *Tekrour* ou *Nigritie*, la zone du continent africain comprise entre les huitième et dix-huitième parallèles nord, d'une part; l'Atlantique et le Haut-Nil, d'autre part.

Encadrée comme il vient d'être dit, cette zone est partagée par quelques géographes modernes en trois sections distinctes, lesquelles sont : le Soudan *occidental* ou Sénégambie; le Soudan *oriental* ou égyptien (Dar-Four, Kordofan, Sennaar) — et le Soudan *central* compris entre ces

(1) Ce n'est pas un roman que nous allons faire, mais bien une analyse descriptive, dont les éléments vont nous être fournis par les géographes de l'antiquité, les historiens arabes et les grands voyageurs, notamment Léon l'Africain, Hornemann, Houghton, Mungo-Park, Oudney, Gordon-Laing, Denham, Clapperton et Toole, René Caillié, les frères Lander, Richardson, Barth, Overweg, Vogel et Warrington, de Beurmann, Rohlfs, Nachtigal, etc., etc.

(2) On a donné du mot « Soudan » quantité d'étymologies diverses. Suivant le célèbre Henri Barth, qui a recueilli sur les lieux des traditions curieuses, le nom de *Sâ* ou *Sô* serait celui du chef d'une des dernières hordes sémites qui aient, à l'aurore des temps historiques, inondé le sol africain. Le mot *Sôdan* ou Soudan impliquerait, en conséquence, la signification de « domaine des enfants de Sô ». Ces considérations philologiques nous semblent assez judicieuses.

deux extrêmes. C'est de celui-ci seulement que nous nous proposons d'inventorier les richesses.

Elles sont riches, en effet, ces belles contrées qu'arrosent le Niger, le Bénoué, le Chari ! Ils ont tous les éléments d'une inaltérable prospérité, ces États florissants qui bordent le lac Tchad !

Elles étaient bien connues des anciens, ces terres privilégiées. C'est de là que les Égyptiens tiraient la plupart des matières premières de leurs multiples industries ; c'est là que les Nasamons (gens de la Tripolitaine) dont parle Hérodote allaient recueillir l'or et l'ivoire ; là que les Carthaginois et, après eux, les Romains envoyaient chercher leurs pierres précieuses : obsidiennes, hyacinthes, chrysolithes, escarboucles, etc. Et, durant tout le moyen âge, on voit s'effectuer, entre le Soudan et la Méditerranée, un trafic considérable dont les bénéfices font la fortune de Tlemcen, d'Ouargla, d'El Goléa, de Laghouat. Actuellement, nombre de caravanes régulières — organisées au Maroc, à Tripoli, à Ben-Ghâzi, en Égypte — vont encore et toujours demander aux rives du Niger ou du lac Tchad quantité de marchandises : or, fer, ivoire, étoffes de coton, tabacs rustiques, cotons courte soie, indigo, riz, millet, cire d'abeilles, peaux de zèbre, de buffle et de mouton, drogues médicinales, séné, civette, encens, noix de kola (1), beurre végétal, etc. Elles y portent, en retour, nombre d'exemplaires de la plupart des produits de l'industrie européenne « car, nous disait un jour « un nègre de Médéah, les marchés du Soudan « sont très riches... tu y trouverais tout, excepté « ton père et ta mère. »

---

Tous les explorateurs ont été frappés du fait de l'activité industrielle et commerciale des grandes villes du Soudan, ainsi que de celui de la diversité des races qui occupent la région du Centre-Afrique.

En rapprochant cette observation des données historiques que nous avons en main, nous nous trouvons naturellement conduit à penser que le Soudan a successivement servi d'asile aux populations du littoral méditerranéen fuyant, l'une après l'autre, la tourmente de l'invasion étrangère. Tyr et Carthage, Rome et Byzance, les

(1) Fruit de la grosseur d'une châtaigne qui jouit des propriétés excitantes et toniques du café.

Vandales, les Arabes et les Turcs ont, tour à tour, dominé cette contrée qu'on appelle l'*Afrique-Mineure*. Leurs armées en ont respectivement refoulé les éléments berbères, puniques, romains, arabes et, chaque fois, les vaincus sont allés se réfugier au Soudan. Une fois en sûreté, derrière le grand boulevard du Sahara, ils reprenaient leurs habitudes de civilisés et, de nouveau, s'adonnaient aux travaux de la paix.

Voilà comment peut, jusqu'à certain point, s'expliquer la civilisation qu'on est tout étonné de trouver au Soudan; comment doit s'interpréter ce mot prophétique de Jackson : « Un jour « viendra où nous corrigerons le texte de nos « classiques grecs et latins sur des manuscrits « venus de Kano ou de Tombouctou. »

---

Le cadre de cette étude ne pouvant comporter une analyse détaillée des merveilles du Soudan, nous n'en donnerons ici qu'un aperçu descriptif extrêmement sommaire. Bornons-nous à faire un peu de géographie commerciale, à voir ce qui se passe sur ces marchés dont on nous vante l'opulence.

Et d'abord, quel y est le mode pratique des achats et des ventes? Les transactions ne s'y opèrent guère que par voie d'échange. Toutefois, le Soudan n'est point dépourvu de tout système monétaire. Les pièces admises à la circulation sont le florin d'Autriche, l'écu d'Espagne et certain quadruple d'or. Quant aux monnaies divisionnaires, elles ne sont point métalliques. Les achats de peu d'importance se soldent par le moyen de bandes d'étoffes de coton appelées *gabagas* et de petits coquillages connus sous le nom d'*oudas, kourdis* ou *cauris*. Le cauri (*cypræa moneta*) est une coquille univalve qui se pêche sur les côtes de Zanzibar, de Mozambique et de Madagascar. Il faut 2,500 de ces petites « porcelaines » pour faire un écu d'Espagne, soit 500 pour un franc! Un sac de 20,000 cauris, équivalant à la somme de quarante francs, fait plus que la charge d'un nègre. Le système est donc aussi incommode que bizarre et compliqué.

Mais examinons les métalliques.

La pièce d'or ayant cours est un « dinar » que l'on appelle communément *solâ*, c'est-à-dire le *chauve*, attendu qu'il est devenu fruste. Il est rare d'y rencontrer — à l'avers ou au revers — quelque vestige de la frappe d'autrefois.

L'écu d'Espagne est dit *douro bou medfa*, écu « au canon ». Voici pourquoi : le revers de la pièce représente deux colonnes symboliques, les colonnes d'Hercule. Or les Africains prennent pour des bouches à feu ces fûts destinés à perpétuer le souvenir de l'ouverture du détroit de Gibraltar par le de Lesseps des temps préhistoriques.

Quant au florin d'Autriche, que les Soudanais désignent aussi sous le nom de *talaro* (thaler), il est au millésime de 1788 et à l'effigie de Marie-Thérèse. C'est pour cela qu'il est également connu dans le Tekrour sous les dénominations concurrentes de *Bou-Ther* et de « Femme d'argent ». La Monnaie de Vienne n'a jamais cessé de frapper cette pièce et elle la frappe encore aujourd'hui pour satisfaire à la demande incessante du Soudan. Les *Femmes d'argent,* fort recherchées, font prime sur les marchés nigritiens. L'Autriche en exporte des quantités considérables qui arrivent au Niger *via* Tripoli — R'damès — In-Sâlah — Tombouctou.

---

Le Soudan central a, comme tout pays, son organisation politique. Il comprend certain nombre d'*États,* dont les principaux sont : sur les rives du Niger : le Bambarra, le Massina, le territoire des So-nraï et le Gando; — sur le Bénoué : le Sokoto; — à l'entour du lac Tchad :

le Kanem, l'Ouadaï, le Baghirmi, le Logone, le Bornou.

A cheval sur le Haut-Niger, le Bambarra s'étend de l'onzième au quinzième degré de latitude nord. Ses principaux centres de population sont *Sego*, la capitale, munie d'une enceinte fortifiée, et *Sa-nsandig*, grande ville industrielle et commerçante qui ne compte pas moins de trente ou quarante mille habitants. Elle est fort riche. L'argent n'y est point rare et c'est par centaines qu'on y trouve des magasins bourrés de toute espèce de marchandises de prix : belles étoffes venues d'Europe, armes, pierres précieuses, thé, sucre et mille articles divers apportés par les caravanes du Maroc et d'In-Sâlah. Il est telle maison de Sa-nsandig que nous savons capable de faire sans sourciller quelque grosse affaire d'un à deux millions de francs plus facilement que mainte banque européenne.

Coupé dans sa longueur par le cours du Niger, le Massina a pour capitale *Hamd-Allahi*, petite ville sans importance; pour centres de population principaux : *Djenné*, *Yoouraou*, *Tombouctou*.

Ville de huit à dix mille âmes, Djenné est une place de premier ordre, qui doit surtout son opulence au commerce du sel et de l'or. Assise sur la rive gauche du fleuve, Yoouraou est presque aussi vaste que Tombouctou, dite la « reine du Soudan. »

Visitons rapidement cette dernière cité si célèbre.

Située par 18 degrés de latitude nord et 5 degrés 36 minutes de longitude orientale (méridien de Paris), la ville occupe un point du globe d'une importance géographique exceptionnelle. Établie, en effet, au grand coude du Niger, comme Orléans l'est en France au coude de la Loire, la « reine du Soudan » était un *emporium* indiqué. Et cette ville n'est le siège d'un marché considérable que parce qu'elle se trouve assise au point de croisement d'une pléiade de routes que le commerce pratique depuis un temps immémorial. De Tombouctou, l'on peut piquer dans la direction du nord soit sur l'ouâd Draâ par Toadeni, soit sur In-Sâlah par Mabrouk; puis d'In-Sâlah sur R'damès et Tripoli. A l'ouest, ce magnifique centre d'affaires est, par le Haut-Niger, en relation avec le Sénégal; au sud, par le Niger-Inférieur, avec le golfe de Guinée; à l'est, enfin, avec le bassin du Tchad, par les routes Bouroum-Agadès-Saï-Kano et le cours du Bénoué. Tombouctou est donc une ÉTOILE de voies de communications, étoile qui rayonne à la fois vers les bouches du Niger, vers l'Atlantique, la Méditerranée et le delta du Nil.

Chaque année, à l'heure de l'ouverture de la foire de novembre, il arrive à Tombouctou des Turcs de Tripoli; des Arabes algériens, des gens de R'damès et d'In-Sâlah; des Touareg du Nord; des Soudanais de Koukaoua, de Kano, de Sokoto; des Maures du Sénégal; des riverains du Haut-Niger, notamment de Bamakou, de Sego, de Sansandig et de Djenné.

Tombouctou n'est pas exactement sur le Niger; elle en est à neuf ou dix kilomètres. *Kabara*, qui lui sert de « port », est assise sur le versant d'un grand mamelon arrondi en forme de cloche. C'est une petite ville de 2,000 habitants comprenant de 150 à 200 maisons d'argile et nombre de huttes en roseaux. On y trouve deux marchés affectés : l'un, au débit de la viande de boucherie; l'autre, à la vente de toute espèce de marchandises. La population vit de l'élève du bétail, de la culture du riz, du *bamia* et des pastèques. Elle fabrique avec certaines herbes du Niger une sorte d'hydromel fort apprécié des consommateurs soudanais. Le port ou bassin qui s'ouvre au pied de la colline de Kabara affecte une forme circulaire d'une régularité si géométrique qu'on le dirait dessiné de main d'homme, mais il est bien l'œuvre de la nature. C'est là que, au temps de la splendeur de l'empire So-nraï, mouillait en permanence une flotte de bâtiments de guerre placée sous les ordres du Grand-Amiral du Niger.

Aujourd'hui, l'on n'y voit plus que des embarcations marchandes, espèce de radeaux de dimensions relativement considérables. Sur chacun d'eux, en effet, le service de bord comporte un personnel de seize à dix-huit hommes d'équipage avec un patron ou capitaine et deux timoniers. Il n'est pas rare de rencontrer, dans les parages de la reine du Soudan, des flottilles de soixante à quatre-vingts de ces grands bateaux plats, chargés à couler bas de marchandises de toute espèce : riz, beurre, millet, oignons, pistaches, noix de Kola, etc.

Il s'importe, en temps ordinaire, à Tombouctou des cotons de Manchester, des soieries de Lyon, des toiles de Saxe, des verroteries de Venise, des merceries de Nuremberg, des sucres et savons de Marseille, des soies communes et des calottes rouges de Livourne, des lames de sabre de Solingen, etc., etc. Les arrivages annuels d'articles de Manchester représentent une valeur d'environ quarante millions ; de Venise, cinquante millions ; de Lyon, vingt millions ; de Solingen, une centaine de mille francs. Le commerce d'importation est donc loin d'être insignifiant ; il se chiffre par sept mille cinq cents tonnes de marchandises de toute espèce venues à dos de plus de cinquante mille chameaux chargés chacun d'environ cent cinquante kilogrammes.

En retour, Tombouctou exporte en Europe nombre de produits divers, tels que tabacs rustiques, cotons courte soie, indigo, riz et millet, gommes blanches, cire d'abeilles, peaux de zèbre, de mouton et de buffle, plumes d'autruche, plantes médicinales, civette, encens, noix de Kola, beurre végétal ; des étoffes de coton, de l'or et des ivoires.

A cette nomenclature, qui ne manque point d'intérêt, il faut ajouter quelques produits de l'industrie locale : des articles de ferronnerie, de maroquinerie, de bijouterie ; de grands plats et des seaux en peau de buffle durcie. Ensemble aussi, de sept à huit mille tonnes de marchandises.

Il est présumable que ces totaux grossiraient notablement au cas où l'activité européenne viendrait imprimer derechef aux affaires cette ferme direction qui les faisait si florissantes au quinzième siècle, au temps où le roi Jean II, de Portugal, entretenait à Tombouctou des agents consulaires.

Les *So-nraï* occupent, dans le nord du Niger, le vaste territoire qui se développe de Tombouctou à Agadès. Descendants des sujets d'un vaste empire qui florissait aux quinzième et seizième siècles, ces nègres, réduits au chiffre de deux millions, ont pour chef-lieu Gao ou Gôgô, située rive gauche du Niger.

Le vaste empire Haoussa, créé en 1802 par le célèbre conquérant Othman dit *le Blanc*, comprend aujourd'hui deux États distincts : le Gando et le Sokoto.

Les principaux centres du royaume de Gando sont : *Gando*, la capitale, dont la population est d'une vingtaine de mille âmes ; *Saï*, *Boussa*, *Rabba*, *Egga*, sises sur les rives du Niger. Ces trois dernières cités sont d'importantes places de commerce qui — par le Niger, l'Océan et la Tamise — sont en relation directe avec Londres.

Baigné par les eaux du Bénoué, le royaume de Sokoto est d'une superficie égale à celle des Iles

Britanniques. Il se divise en trois provinces, lesquelles sont celles de « Kano », capitale *Kano*; de « Bautschi », capitale *Yacoba*; d'« Adamaoua », capitale *Yola*.

Les habitants d'*Yola* se font remarquer, entre tous Africains, par leur intelligence, leur génie industriel et leur activité.

*Yacoba*, dite aussi *Garo-n-Bautschi*, est une ville de cent cinquante mille âmes.

Se doutait-on qu'il y eût au Sokoto des cités de cette importance ?

Assise sur un plateau granitique de 1,200 mètres d'altitude (1), Yacoba est munie d'une muraille défensive de 15 kilomètres de pourtour, enfermant des hauteurs rocheuses, des étangs, des champs, des jardins, des maisons bien bâties et, parmi celles-ci, nombre de fabriques de tissus de coton. Le climat, très salubre, en est très supportable, et les Européens peuvent fort bien y vivre en permanence.

Vrai noyau de l'Afrique centrale, *Kano*, que Barth appelle le « Londres du Soudan », est une ville de trente mille âmes, mais ce chiffre de population est doublé chaque année de janvier à

(1) Le site de ce plateau occupe les points de partage des eaux du bassin du Niger et de celles du bassin du Bénoué.

avril, période de l'arrivée des caravanes. Métropole du commerce du Centre-Afrique, cette vaste cité — dont le pourtour mesure trente kilomètres — étend ses relations : au nord, jusqu'à R'ât, Mourzouk et Tripoli ; — à l'ouest, jusqu'à Tombouctou et Saint-Louis du Sénégal ; — à l'est, jusqu'au Dar-Four. Son marché est toujours abondamment pourvu d'esclaves, de poudre d'or, d'ivoire, de sel, de cuirs, de coton, d'indigo. Son industrie est, comme celle de Yacoba, très développée ; elle fabrique de superbes tissus de coton, qu'elle teint elle-même en bleu. Sa fabrication annuelle représente une valeur d'environ 300,000,000 de cauris, soit de 600,000 francs, et constitue la charge de 1,500 chameaux.

Telle est la situation industrielle et commerciale de ces régions que baignent le Niger et le Bénoué. On comprend dès lors que le comte de Navailles ait pu écrire, le 23 mai 1834, au maréchal Soult, alors ministre de la guerre :

« Vous pouvez vous rappeler que j'ai eu l'hon-
« neur de vous entretenir, par écrit, il y a envi-
« ron six semaines, de la *conquête de Tom-*
« *bouctou*. Je vous avoue que plus j'y pense et
« plus je crois qu'elle serait pour nous aussi
« utile que facile, aussi honorable que néces-
« saire ».

VI

## Le cœur de l'Afrique.

Tombouctou (1), notre objectif naturel, ne doit cependant être considérée par nous que comme un gîte d'étape, une base d'opérations d'où nous devrons partir à la conquête économique du

(1) Il a été publié nombre de dissertations touchant le nom de cette cité fameuse. On sait que les Carthaginois l'appelaient *Hécatompyle;* et les Romains, *Tibudium.* Au seizième siècle, les Européens la nommaient *Tombut;* elle est aujourd'hui désignée sous les paronymes concurrents *Tin-Bektou* et *Tombouctou.*

Quelle est l'origine de ce dernier terme dont l'usage a définitivement prévalu?

Selon Barth, *Toumboutou* implique, en langue *so-nraï*, la signification de cavité, d'excavation ouverte dans une dune de sable. Ce serait, dans cette hypothèse, un synonyme de l'arabe *djouf.*

Il convient d'observer, d'autre part, que les mots *timbo, timbi, tembé, tombo* expriment, en divers idiomes souda-

Soudan central, du cœur (1) du continent africain.

Les anciens la connaissaient, cette caspienne d'Afrique à l'entour de laquelle la nature semble s'être attachée à condenser ses merveilles, à afficher le luxe de ses inépuisables richesses. C'est le *lacus libycus* ou *libyca palus* des Tables de Ptolémée, magnifique lac qui, de nos jours, a été exploré par Denham, Clapperton et Toole; Richardson, Barth et Overweg; Vogel et Warrington; de Beurmann, Rohlfs et Nachtigal. C'est suivant le récit de ces grands voyageurs que nous allons essayer une rapide exquisse de ce merveilleux « cœur de l'Afrique ».

Le Tchad peut s'inscrire en plan dans un rectangle ayant pour côtés : les parallèles 12° 20' et 14° 22' 80" de latitude nord, d'une part; et les méridiens 14° et 17° de longitude orientale (méridien de Greenwich), d'autre part. Le niveau moyen de ses eaux est à l'altitude 260 mètres.

---

nais, une idée de grandeur, d'animal énorme (tel que l'éléphant), de cours d'eau considérable (comme le Niger), de vaste édifice, de place forte imposante, de mouvement de terrain d'altitude prononcée et, en particulier, de haut mamelon tronconique, analogue à celui qui sert d'assiette à la « Reine du Soudan ».

De là sans doute, à notre sens, le nom de Tombouctou.

(1) Il affecte précisément, en plan, la forme d'un cœur humain, cet immense lac Tchad qu'on appelle le « cœur de l'Afrique ». Telle est, du moins, l'opinion de Clapperton.

Il mesure, durant la saison sèche, environ **seize mille kilomètres carrés**, mais cette superficie s'accroît considérablement au temps de la saison des pluies. Les variations de volume d'eau de ses affluents, l'énorme évaporation qui s'opère à sa surface en modifient, d'un mois à l'autre, les limites si bien qu'on ne saurait songer à dresser de ses rivages une carte exacte et immutable.

On admet généralement que sa figure est celle d'un grand triangle dont le delta du Chari forme la base, triangle irrégulier dont les côtés sont découpés de golfes — tels que ceux de *Belo*, de *Nghirooua* — et d'anses comme celles de *Ngoulbea*, de *Dimbeler*, etc...

Le lac est semé d'une douzaine d'îles dont la plus considérable est celle de *Djoggabah*, plantée comme un brise-lames à l'embouchure du Chari et affectant dans cette situation la forme d'un grand triangle d'une centaine de kilomètres de hauteur. Les îles de *Bredjare*, de *So-youroum* et de *Belarigo* sont couvertes d'une végétation magnifique; les autres îles ne sont que de simples bancs de sable.

A son entrée dans le Tchad, le Chari — dont les eaux sont brisées par le taillant de Djoggabah — se divise en deux branches qui suivent respectivement des directions nord-est et nord-ouest. La passe nord-est est une sorte de «bras mort» dont le courant est peu sensible; il n'en est pas de même de la passe nord-ouest où l'eau coule avec une rapidité torrentielle. C'est donc vers la rive occidentale du lac que se porte la majeure partie du volume d'eau du fleuve. De ce côté, le lac accuse de trois à quatre mètres de profondeur; sur la rive orientale, au contraire, ce n'est qu'une vaste prairie submersible.

Les eaux du Tchad nourrissent une multitude prodigieuse de sauriens, d'hippopotames et de poissons de toute espèce, notamment de torpilles. On peut dire qu'elles sont douces. Toutefois, au pourtour des rives se trouvent nombre de points dont le sol est saturé de natron (carbonate de soude) et ce sel ne manque point de se dissoudre dans les masses liquides sous lesquelles il se trouve submergé lors des inondations. Si douce qu'elle soit, d'ailleurs, cette eau n'est guère potable à raison de l'élévation de sa température et de la quantité de débris organiques qu'elle tient en suspension. La surface s'en éclipse, la plupart du temps, sous une forêt de sargasses au fouillis desquelles se mêlent de belles fleurs d'eau, telles que le *Nymphœa lotus* et la Fanna errante (*Pistia stratiotes*). En eau franche les rives sont bordées d'épais fourrés de *papyrus farfar* et de laiches de trois ou quatre mètres de hauteur. Une de ces laiches, appelée *bole*, a sa tige triangulaire et la tête noire comme nos roseaux d'Europe; une autre espèce, dite *mele*, renferme une moelle comestible. Des plantes grimpantes à fleurs jaunes errent gracieusement sur ces fourrés ainsi que des liserons sur les haies de notre pays de France.

A la cime de ces forêts aquatiques passent des vols d'oiseaux à l'opulent plumage, tels que le marabou (*ciconia marabou*), le *plotus* à col de serpent, le schneter (*cuculus indicator*), le grand *dedegami* bleu, qu'entourent des légions d'ibis blancs, de passereaux, de canards sauvages, etc.

Et, en arrière des fourrés de la rive, se meuvent en tous sens des troupeaux de bœufs, des bandes de girafes et de buffles, des hordes de sangliers. On y admire surtout une antilope de robe pareille à celle du cerf avec raie blanche sous le ventre; les Arabes *Chouâ* la nomment *ariel*; les indigènes, *kelara*. Enfin, l'on trouve dans l'île Bredjare une race de chevaux magnifiques.

Les îles du lac sont occupées par une population assez intéressante au point de vue de la science ethnographique. Ces insulaires — ou habitants de villages lacustres — sont des descendants de la vieille souche sémitique Sô, Sâ ou Saï. Ceux des îles du nord sont dits *Bouddouma* ou *Yedina*; ceux des îles du sud, *Kaleama*. Tous sont de taille bien prise. Leur physionomie est agréable; leur visage, vierge d'incisions; ils ont la peau noire et les dents d'une blancheur éblouissante. C'est, en somme, une belle race, aussi intelligente qu'élégante et svelte.

Le costume des hommes consiste en une courte tunique noire — que protège un tablier de cuir — un chapeau de paille noire et un collier de perles. Les femmes, qui s'habillent à peu près de la même façon, font, de plus, profusion d'ornements en perles de verre. Elles portent les cheveux pendants; quelques coquettes les nattent, d'une façon très remarquable, en ailes.

Il faut, pour être juste, ajouter que ces *Yedina* sont des pirates, les *pirates du lac*. Leurs embarcations ordinaires n'ont guère que trois ou quatre mètres de longueur, mais ils se servent aussi de pirogues dont l'équipage est de vingt rameurs et qui ne mesurent pas moins de dix-huit mètres de long sur deux de large. La proue en est très haute, très aiguë, et l'on dirait de loin des alligators glissant à la surface des eaux. Ces navires de guerre ont pour port d'attache le village lacustre de *Kaia*.

Les eaux du lac, avons-nous dit, baignent les rivages de plusieurs États soudanais : au nord-est, le *Kanem*; — à l'est, l'*Ouadaï*; — au sud-est, le *Baghirmi*; — au sud, le *Logone*; — à l'ouest, enfin, le *Bornou*.

Le Kanem est un pays aride et sablonneux qui, en dépit de ces conditions peu favorables, a eu son temps de gloire et de prospérité. Barth en a recueilli l'histoire dont les plus anciens événements remontent au IXe siècle de notre ère. Gouverné par les Sefoua, il formait, au cours du XIIe, un vaste royaume qui s'étendait du Borgou jusqu'aux bords du Nil. Au XIVe siècle, les Sefoua disparaissent et, dès lors, s'ouvre l'ère des calamités : guerres et dévastations. Aujourd'hui, le Kanem est dans la dépendance du Bornou. Sa capitale n'a point laissé de traces; *Woudie*, une de ses grandes villes, est en ruines; *Ngegimi*, cité jadis célèbre, est tombée au rang de simple village. Les seuls centres de population ayant quelque importance sont ceux d'*Yo* et de *Kotoko*.

Peuplé de *Tebou*, de *Kanembou* et d'Arabes, le Kanem n'a que peu d'industrie et son commerce est à peu près nul.

L'Ouadaï, dit quelquefois *Dar-Soulaï*, formait jadis, avec le Baghirmi et le Dar-Four, la vaste agglomération politique que les écrivains arabes du moyen âge désignent sous le nom de *Nigritie orientale*, laquelle Nigritie est aujourd'hui démembrée. Le Dar-Four, où le malheureux Cuny a été assassiné, faisait naguère partie de l'empire égyptien.

Le Baghirmi est devenu, en 1871, vassal de l'Ouadaï.

Celui-ci est resté longtemps à l'état de *terra incognita* car il était dangereux d'y pénétrer. Vogel y fut assassiné en 1856 ; Maurice de Beurmann, en 1853. Nachtigal, qui l'a exploré plus tard (1873), a enfin eu la chance d'en revenir sain et sauf. Nous lui devons nos premiers documents touchant cette région mal famée.

L'Ouadaï est un pays très pauvre, habité par des nègres encore plongés dans un état de barbarie repoussante. Grossiers, querelleurs et naïvement cruels, ces sauvages sont, de plus, d'incorrigibles ivrognes. Leurs cheiks, qui ne les peuvent mener qu'à coups de courbache, leur infligent, quand besoin est, des châtiments très durs. Inutile d'ajouter que ces gens n'ont aucune espèce d'industrie. Depuis la ruine d'Ouara, la capitale de l'Ouadaï est *Abeshr*, située par 14 degrés de latitude nord et environ 21 degrés de longitude est.

---

Traversé par le Chari, grand cours d'eau navigable en toute saison, le territoire du Baghirmi s'étend, du nord au sud, suivant une longueur de 450 kilomètres et une largeur maxima de 300. C'est une grande plaine au sol de sable et d'argile, à l'altitude moyenne de 295 mètres. Doucement inclinée vers le nord, cette plaine est encadrée au sud-est par des massifs montagneux dont quelques-uns sont, comme le *Gere*, souvent couverts de neige. Il s'y trouve aussi quelques volcans en pleine activité.

Dans le sud, vers le pays des tribus idolâtres encore indépendantes, se profilent des chaînes de hauteurs considérables, d'où sortent vraisemblablement le Chari, le Bénoué et le Faro.

C'est au commencement du seizième siècle que se rapporte le fait de la fondation du royaume de Baghirmi. Placé entre deux puissants États — l'Ouadaï et le Bornou — il eut à soutenir contre eux plus d'une guerre désastreuse.

Aujourd'hui vassal de l'Ouadaï — auquel il paye un tribut annuel de cent esclaves travailleurs, trente belles esclaves de choix, cent chevaux et mille chemises bleues — le Baghirmi a une population d'un à deux millions d'âmes. Les hommes y sont grands, énergiques, doués d'une grande force musculaire; sveltes et bien faites, les femmes sont d'une beauté proverbiale.

*Masena*, la capitale, est une des belles villes du Soudan.

Les Baghrimma font peu de commerce et leur industrie est peu développée. Animés d'un esprit éminemment guerrier, ils dédaignent de se livrer à l'exploitation des riches gisements minéralogiques dont est semé leur territoire. Leurs principales ressources consistent en esclaves qu'ils tirent de leurs tributaires et du pays des tribus païennes indépendantes, comme celles de l'*Andoma*, du *Bimberi*, du *Dar-Banda*, etc.

---

Le Logone est baigné dans sa longueur par un bras du Chari — le *Ba-Logone* — dont le lit mesure de 200 à 600 mètres de largeur et comporte, presque partout, de quatre à cinq mètres de hauteur d'eau. Bordées d'*ambatch*, de papyrus, de roseaux rouges à tête noire, les rives en sont complantées de palmiers flabelliformes et de quantité d'essences forestières entre lesquelles se distingue le superbe « karage » (*acacia giraffi*), dont les gousses nourrissent d'immenses troupes de sangliers et d'innombrables bandes de singes. Ces magnifiques forêts marécageuses servent aussi d'asile à l'éléphant, au rhinocéros, à toute espèce de fauves, au cochon sauvage (*gado*) et au cochon de terre (*orycteropus Æthiopensis*). La faune intertropicale est encore représentée en ces parages par d'effroyables quantités de fourmis, des tourbes de crapauds géants, des myriades de nuages de mouches et de trombes de moustiques. Ces insectes ailés dévorent tout vivants les poussins, les agneaux sur lesquels ils s'abattent. Quant aux grosses mouches jaunes, dont la piqûre est souvent mortelle, les Arabes *Chouâ* ne parviennent à s'en préserver qu'en allumant de grands feux — remède héroïque, s'il en fut, sous ce ciel embrasé!

Les eaux du Ba-Logone abondent en poissons et en crocodiles. De ceux-ci les espèces comestibles les plus recherchées sont le *crocodilus biscutatus*, le *monitor exanthematicus*, l'alligator à la voix de taureau et le *monitor niloticus*.

Les Logonois sont de sang massa, l'un des plus beaux types des régions du Centre-Afrique. Les hommes se font remarquer par leur intelligence ; les femmes, par un excellent maintien et des manières distinguées que ne désavouerait pas une Européenne. Ces belles Logonoises commettent malheureusement un attentat à leurs charmes en cédant à la passion désordonnée qu'elles manifestent pour le girofle. Elles le broyent et le mêlent à l'axonge pour s'en enduire les cheveux et la peau.

Nombre de Logonois sont encore fétichistes. Il n'y a guère qu'un siècle que la religion de Mahomet a pénétré chez eux ; aussi leur pays sert-il encore de théâtre aux luttes souvent ardentes qui s'engagent entre l'Islâm et le paganisme. L'ardeur d'un prosélytisme à outrance sert de prétexte aux iniques entreprises des esclavagistes musulmans.

Sise dans le sud du lac Tchad, par 11° 7' de latitude nord et environ 11° 40' de longitude est (méridien de Paris), la capitale *Karnak-Logone* a été bâtie, vers l'an 1705, par le sultan Broua. Le Ba-Logone, qui en baigne le quartier oriental, ne mesure pas, en cet endroit, moins de deux cents mètres de largeur. Là, les rives du fleuve sont gracieusement complantées de palmiers flabelliformes et de palmiers d'Égypte.

La ville est munie d'une enceinte, laquelle est percée, à l'est, de sept portes donnant sur le Ba-Logone. Ce cours de murailles défensives ne compte, à l'ouest, qu'une seule solution de continuité, consistant en une baie étroite et basse par laquelle il ne peut guère passer qu'un âne ou un homme plié en deux.

De ce côté de l'ouest, les quartiers de Karnak sont assez misérables ; mais, à mesure qu'on marche vers l'est, on voit s'améliorer l'économie générale des maisons de la ville. Les rues prennent de la largeur et l'avenue principale — dite *Dendal* — apparaît fort belle.

C'est sur ce « dendal » que se font vis-à-vis le palais du sultan et la maison de son premier ministre. De style assez élégant, le palais royal se compose d'une foule de corps de logis entre lesquels s'ouvrent des cours carrées. Ces bâtiments à un seul étage comprennent de grandes salles mesurant une douzaine de mètres de long sur cinq mètres de large et autant de haut. Tel est, abstraction faite des dimensions, le type de presque toutes les maisons de Karnak. Partout la porte d'entrée est protégée contre le mauvais œil par divers appareils décoratifs façonnés en défenses de sanglier.

La population urbaine est d'environ quinze mille habitants, pêcheurs pour la plupart. Outre nombre de grands bateaux amarrés à quai, il y a toujours au mouillage de Karnak une cinquantaine d'embarcations de fort tonnage profilant au soleil leurs énormes proues en bois de *birgim*.

Les gens de Karnak qui ne pêchent point travaillent au métier. Tisserands habiles, ils fabriquent de belles toiles de coton d'un tissu très serré et confectionnent des *gandouras* ou longues chemises d'un travail excellent. De chaque maison les passants entendent partir de véritables mousquetades de coups de navette extrêmement précipités. Il paraît que ces bons ouvriers ne se trouvent jamais sans ouvrage ainsi qu'il advient trop souvent dans la plupart de nos États d'Europe.

Un spectacle curieux est celui qu'offre la place du marché de Karnak. On y trouve entassées toutes les productions du pays : millet, sorgho, beurre végétal, amandes de terre, poissons de toute espèce. La viande de bœuf et de mouton y est rare, ainsi que la volaille ; celle de porc se montre, au contraire, abondante. On y vend aussi de l'indigo, du coton, des cires, des cuirs, des ivoires, des cornes de rhinocéros, des fibres d'*asclepias gigantea*, des nattes d'une finesse remarquable et d'élégants ouvrages de boissellerie. Il s'y fait, d'ailleurs, un grand commerce de produits étrangers : fers ouvrés ou bruts, huiles de palme, bananes, sel, étoffes de toute espèce, coutellerie anglaise et même des livres de piété musulmane apportés par des pèlerins retour de la Mekke.

La seule monnaie métallique en usage dans les transactions consiste en plaques de fer feuillard taillées en forme de fer à cheval et qu'on assemble par paquets de dix. Dix paquets représentent la valeur d'une piastre, mais le cours de cette monnaie lycurguenne est sujet à fluctuations. Il se trouve là, comme en Europe, des joueurs à la hausse ou à la baisse, d'où il suit que la Bourse de Karnak est, comme celle de Paris, le temple du tapage et de la bousculade.

De leur côté, les marchands de poissons font presque autant de bruit que les agents de change, si bien que le marché de Karnak peut donner une idée des charivaris et « hahus » les mieux réussis. On n'y entend que débats violents, cris de possédés et hurlements sauvages, le tout accompagné de gestes peu parlementaires.

---

L'histoire du Bornou tient grande place dans les relations des écrivains arabes : Ebn Saïd (1282), Ebn Batouta (1353), Ebn Khaldoun (1381), Makrisi (1400) et Léon l'Africain (1528). De nos jours, ce pays a été également exploré par de grands voyageurs, au nombre desquels il convient d'inscrire les noms de Richardson et d'Overweg qui, martyrs de la science, y ont trouvé la mort.

Quelle est la physionomie du Bornou? La région littorale en est d'aspect monotone et sombre. On n'y rencontre que des plaines boisées alternant avec des cultures d'un blé d'hiver que les indigènes appellent « massa koua » (*holcus cernuus*). Partout coupé d'étangs, de flaques et de trous marécageux, le sol est fait d'une argile dont les tons noirs sont loin de réjouir l'œil. C'est dans ces cuvettes ou puisards naturels que les eaux se rassemblent durant la saison des pluies, apportant en suspension quantité de matières animales et de débris végétaux, lesquels, à l'ouverture de la saison sèche, y forment d'énormes dépôts d'humus. Ainsi fécondé par des inondations périodiques, le territoire bornouen est éminemment propre à la culture. Mais toute médaille a son revers; les débordements du lac donnent souvent lieu à des inondations qui emportent des maisons et parfois détruisent des villages.

La ville de *Kouhaoua*, capitale du royaume, tire son nom de celui d'un arbre magnifique. Plus grand que le célèbre *castagno de' cento cavalli* de l'Etna, le kouka (*Adamsonia digitata*) est vraiment le géant du règne végétal. C'est l'essence caractéristique de la zone qui s'étend de la mer des

Indes à l'Atlantique, du 16^me^ parallèle nord au 20^me^ parallèle sud. Arbre des plus précieux, ses fruits — très comestibles et d'un goût légèrement acide — mesurent quarante-cinq centimètres de long sur quinze d'épaisseur. Les longues cosses qui les renferment servent à faire de menus ustensiles de ménage ; ses jeunes pousses, des condiments, des confitures, des infusions très appréciées. Enfin, son bois, qui est employé en charpente, se laisse facilement travailler. On en évide le tronc pour confectionner des coffres, des ruches, des conduites d'eau, des buses, des bassins ou réservoirs, etc.

Bâtie en 1814 par le cheik Mohammed-el-Kanemi, réduite en cendres, en 1846, par le sultan de l'Ouadaï, Koukaoua a été reconstruite par le cheik Omar, fils de Mohammed. La nouvelle ville a pris des accroissements rapides et sa population s'élève actuellement à plus de soixante mille âmes. Ceinte de hautes murailles d'argile, elle est partagée en deux quartiers distincts, clos eux-mêmes de murs de cinq ou six mètres de haut et séparés l'un de l'autre par une avenue d'un kilomètre de large.

Le quartier occidental — dit *billa Foulebe* — n'est habité que par le menu peuple ; il se compose de pâtés de maisons ou cabanes de style primitif, desservies par un labyrinthe de ruelles étroites et tortueuses. Le quartier oriental, — *billa Gedibe*, — est occupé par les fonctionnaires publics, de riches négociants et les grands du royaume. Il comprend de vastes constructions, assez remarquables dans leur genre. Le poinçon de chaque toit est orné d'un chapelet d'œufs d'autruche.

Ces deux villes si distinctes sont traversées toutes deux par le *dendal* ou « rue royale » le long de laquelle s'élèvent le palais du cheik, les bâtiments affectés aux divers services de son gouvernement et la *Fato inglisbe* ou « maison des Anglais ». Partout les rues sont assez animées, mais c'est sur le *dendal* que la circulation est le plus active. On y voit passer tous les personnages qui se rendent chez le cheik, le vizir ou le *digma* (ministre de la maison du cheik). Comme en notre avenue des Champs-Elysées et nos allées du Bois-de-Boulogne, il s'y porte une foule de cavaliers élégamment vêtus. Comme sur nos boulevarts, il s'y presse quantité de piétons, gens du pays ou étrangers, hommes libres ou esclaves. C'est aussi là que se promènent les femmes à la mode.

Les Bornouennes, il faut le dire, sont de petite taille et d'un type assez laid. Elles ont la tête fort grosse, un nez très large, aux narines grand'ouvertes, qu'enlaidit encore l'insertion d'une perle de corail. Elles sont, en revanche, très coquettes. Vêtues d'une robe à longue traîne, elles s'enveloppent, en outre, d'un *senne*, espèce de plaid en calicot de Manchester, aux couleurs ultra-voyantes. Dans leur épaisse chevelure elles piquent un *fallafalle*, sorte de peigne d'argent dont le nom signifie littéralement : « *Adieu la paix du cœur !* »

Chaque jour, d'onze heures du matin à trois heures de l'après-midi, il se tient à Koukaoua, un *douria* (petit marché). Le lundi, jour du *hasoukou* (grand marché hebdomadaire), toutes les rues sont encombrées de bestiaux, de chameaux, de moutons, de volailles, circulant ou plutôt grouillant au milieu d'une population compacte. Sur la place du marché, quinze ou vingt mille personnes se pressent en plein air, s'entassent sous des hangars ou emplissent des boutiques dans un pêle-mêle des plus pittoresques.

Malgré ce désordre invraisemblable, les transactions s'opèrent avec un certain calme. Les marchandises ne se crient pas ; le vendeur n'interpelle point l'acheteur comme cela se fait souvent sur nos champs de foire d'Europe. Seuls, les barbiers sifflent pour attirer le client sous leurs échoppes. Un autre sifflet encore : celui des dompteurs de serpents !...

Il se vend sur cette place toute espèce de denrées : morceaux de viande d'hippopotame, froment, millet, sorgho, riz, beurre, poissons secs, noix de Kola, sel extrait des cendres du *capparis sodata*, légumes et fruits, notamment des oignons et des *bitos* (glands du *balanites Ægyptiacus*). Il s'y vend des vêtements confectionnés, des tissus de Kano, des cotonnades de Manchester, des perles, des cuirs ouvrés, des *courbaches* ou fouets en cuir d'hippopotame, du natron (carbonate de soude natif), des nattes et des matériaux de construction, tels que pièces de bois pour faîtages, corniches en paille tressée, etc.

Les moyens d'échange sont le *talaro* d'Autriche à l'effigie de Marie-Thérèse, l'écu d'Espagne ou douro *bou medfa*, la bande de coton dite *gabaga* et enfin, comme appoint, un poisson sec exhalant des odeurs *sui generis*.

« Nous sommes convaincus, disaient, il y a soixante ans, Denham et Clapperton, que la ville de Koukaoua est appelée à devenir l'entrepôt de tout le commerce de l'Afrique centrale. »

Or elle est évaluée à un chiffre de soixante à quatre-vingts millions d'âmes, la population de ce Soudan central ! Voilà un marché dont l'importance n'était méconnue ni des pharaons d'Égypte, ni de l'antiquité carthaginoise ou romaine, ni des Arabes du moyen âge, ni des Portugais du quinzième siècle, ni même, de nos jours, du roi de Prusse Guillaume qui, en 1869, alors qu'il armait contre la France, expédiait au cheik Omar, sultan du Bornou, toute une cargaison de cadeaux !...

Nous laisserons-nous donc — nous Français, maîtres de l'Algérie — nous laisserons-nous devancer dans une voie au terme de laquelle s'ouvrent tant et de si belles perspectives ?

Nous ne le pouvons raisonnablement pas.

Ayons toujours présents à l'esprit ces mots d'Onésime Reclus que nous rappelait, il n'y a pas longtemps, M. Estancelin (1) :

« Le Niger et le Tchad sont moins loin que le Rhin.

« Le Transsaharien vaut mille fois le grand tunnel de la Manche, le chemin du Simplon, etc. (2).

« Le Soudan, pour nous, c'est la perle de grand prix ! »

---

(1) *Figaro*, numéro du 19 août 1888.

(2) Aujourd'hui, vraisemblablement, l'auteur n'omettrait point de faire ici mention du Panama.

## VII

### Réseau des routes qui mènent au Soudan.

Donc le Soudan est pour nous une perle du plus pur orient, un brillant de la plus belle eau.

Comment mettre la main sur ce trésor ?

Il sera démontré ci-après que nous — maîtres de l'Algérie — nous n'avons, pour ce faire, qu'à tendre le bras dans la direction voulue ; que le fruit magnifique ne demande qu'à se laisser cueillir.

Cependant, il n'est pas encore fait, ce chemin de fer Transsaharien dont nous préconisons l'exécution et, en attendant que le projet se réalise, on peut se demander comment il est possible de se rendre au Soudan, le pays des merveilles.

Or on peut y accéder de deux façons différentes : par les routes de l'intérieur et par certaines voies navigables.

Elles sont nombreuses, les routes de caravanes qui, des côtes du continent africain, conduisent au Soudan central. On peut, en effet, parvenir aux bords du lac Tchad ou aux rives du Niger : soit en partant de la vallée du Nil, de la Haute ou de la Basse Égypte; — soit en choisissant pour base d'opérations un point du littoral méditerranéen pris en Cyrénaïque, en Tripolitaine, en Tunisie, en Algérie ou au Maroc; — soit, enfin, à partir d'un point de la côte atlantique : de la baie d'Arguin, du Sénégal, de la Gambie ou des côtes de Guinée.

Jetons un coup d'œil rapide sur ce réseau d'itinéraires divers.

1. — *Via* Haute-Égypte. — On désignait naguère sous le nom de *Soudan égyptien* l'ensemble des vastes régions comprises entre l'équateur et le 18e degré de latitude nord, régions qui reconnurent un instant l'autorité du khédive. Ce Soudan oriental, aujourd'hui reconquis par les marchands d'esclaves, se divisait en deux gou-

vernements généraux, dits *des Côtes de la mer Rouge* et *de Karthoum*. De celui-ci dépendaient, entre autres, les *moudirliks* du Kordofan et du Dar-Four, tous deux situés à l'ouest de la vallée du Nil Blanc.

Compris entre le 11e et le 12e degré de latitude nord, le Dar-Four (*Pharax Garamantica* des anciens) a pour ossature orographique le mont Marrah. Or les cours d'eau qui descendent de ce massif appartiennent : partie, au bassin du Nil ; partie, au bassin du lac Tchad. De là l'idée émise par Browne (1799) et par le docteur Nachtigal (1873) de reprendre le chemin que pratiquaient jadis les caravanes des Pharaons et qu'indiquent les Tables de Ptolémée ; de gagner le Soudan central à partir du Soudan égyptien. Mais, depuis les succès du Mâhdî et la mort de Gordon, il n'y a plus de Soudan égyptien et ce n'est pas encore demain que les Anglais mettront cette idée à exécution.

2. — *Via* Basse-Égypte. — Voici encore une route pratiquée de toute antiquité. C'est celle que suit Persée alors qu'il va combattre les Gorgones ; mais, sans remonter ainsi aux âges héroïques de la Grèce, observons que, du temps

d'Hérodote (cinquième siècle avant notre ère), des caravanes, partant chaque année de l'oasis d'Augila, poussaient jusqu'au littoral atlantique. Les caravanes d'aujourd'hui, qui se forment au Caire, passent par l'oasis de Syouah — dite, il y a deux mille ans, de Jupiter-Ammon — par les oasis d'Augila et de Koufarah. De là, elles se jettent résolument dans le désert de Libye qu'elles traversent dans sa plus petite largeur, font étape à Ouanyanga et débouchent dans le nord de l'Ouadaï.

3. — *Via* BARCA. — L'ancienne Cyrénaïque ou *Libye pentapole* (1) est aujourd'hui désignée sous la dénomination de *Barca*. C'est une province tripolitaine dont le territoire se développe entre la Basse-Égypte, le golfe de Sidre et le désert de Libye.

De Ben-Ghâzi (l'ancienne Bérénice), chef-lieu de la province, des caravanes régulières se dirigent également vers Augila d'où, par les oasis

(1) Ainsi nommée parce qu'elle comprenait cinq villes grecques: Cyrène, aujourd'hui *Kuren* (en ruines); — Hespéris ou Bérénice, aujourd'hui *Ben-Ghâzi*; — Barcé ou Ptolémaïs, aujourd'hui *Barca*; — Teuchira ou Arsinoé, et Apollonie, aujourd'hui Sosusa ou *Marsa Susa*

de Koufarah et Ouanyanga, elles arrivent, comme celles du Caire, dans le nord de l'Ouadaï.

Tel est le chemin qu'a suivi, en 1879, le docteur allemand Rohlfs dont l'Ouadaï était l'objectif et qui, de là, se proposait de gagner le Congo. Il partait chargé de présents de l'empereur d'Allemagne pour le sultan du pays visé. Le vali de la Cyrénaïque — Ali Kemali-Pacha — avait mis à sa disposition vingt-cinq chameaux de bât et quatre-vingts hommes d'escorte qui devaient l'accompagner jusqu'à Chalouba, c'est-à-dire jusqu'à la frontière nord de l'Ouadaï (1).

(1) Le docteur Rohlfs ne devait pas atteindre son but. « Vous avez sans doute appris, écrivait-il à M. Duveyrier (30 octobre 1879), vous avez appris le sort qui m'est échu à Koufra (Koufarah). C'est à grand'peine que j'ai échappé à la mort. J'ai dû revenir à Ben-Ghâzi avec les débris de mon expédition, n'ayant plus d'instruments. Tous les autres objets d'équipement avaient été cassés, brisés ou, pour le plus grand nombre, volés.

. . . . . . . . . . . . . . . . . . . . . . . . .

« J'étais parti de Ben-Ghâzi avec un contrat fait par le gouvernement turc et garanti par lui. Le 13 septembre, les Zouiya m'ont attaqué.... ils ont pillé mon camp et tout brisé. Si je n'étais parti la veille au soir avec le seul cheikh qui me fût resté fidèle, j'aurais été assassiné. Seul avec mes trois compatriotes, que pouvais-je faire contre cinq cents sauvages, dont cent ou cent cinquante munis d'armes à feu ?

« Voilà la troisième fois qu'on m'a pris tout en Afrique ! La première fois, c'était sur la côte de l'Océan Atlantique, près de Mogador ; la deuxième fois, au sud de Figuig

4. — *Via* TRIPOLITAINE. — La Tripolitaine proprement dite est tête de ligne de deux routes de caravanes qui se dirigent : l'une, sur R'damès ; l'autre, sur Mourzouk. Toutes deux mènent au lac Tchad par Bilma ; — à Agadès, capitale de l'Aïr, par R'ât ; — à Tombouctou, par In-Sâlah.

Ces routes ont été fréquentées de toute antiquité.

Hérodote apprit des Libyens le voyage de cinq jeunes Nasamons (gens de la Tripolitaine) qui, ayant traversé des régions habitées, puis de vastes solitudes infestées de bêtes fauves, enfin des déserts sablonneux d'une étendue considérable, étaient parvenus chez un peuple de sang noir occupant, entre autres lieux, une ville baignée par un grand fleuve coulant de l'ouest à l'est.

Avec Rennel et d'Avezac, nous estimons que, vraisemblablement, il ne peut s'agir ici que du Niger et de Tombouctou.

Ultérieurement, au temps de la domination romaine, c'est encore de la Tripolitaine ou, plus

où, en même temps, on me laissa pour mort avec neuf blessures ; et maintenant à Koufra. »

Observons que M. Rohlfs ne parle point des dangers qu'il a courus alors que, chef des agents de M. de Bismarck, il fomentait en Algérie l'insurrection de 1870-71.

exactement, de Lebda ou Lebeda (la grande Leptis) que partent, pour s'enfoncer dans le sud, les généraux romains Suetonius Paulinus, Cornelius Balbus (1), Septimius Flaccus et Julius Maternus. Le géographe Ptolémée qui mentionne les expéditions de ces derniers (2) donne, en ses Tables, le tracé d'une route de caravanes menant de la *Leptis Magna* au Daras (Sénégal) par *Geira metropolis* (Agadès), Panagra, Tagama, *Nigeira metropolis* (Gober ou Kano) et Thamondacana (?)

C'est encore de la Tripolitaine que sont partis, au cours de notre siècle, nombre d'explorateurs célèbres : Clapperton, Denham, Richardson, Overweg, Barth, Vogel, Rohlfs, Nachtigal, etc.

Le meilleur de tous les tracés tripolitains est

(1) Suetonius Paulinus, ayant franchi l'Atlas, atteignit, en dix étapes, le fleuve Ger dont parle Ptolémée, que mentionnent encore Léon l'Africain et Marmol et qui, depuis lors, a disparu sous les sables amassés le long de la chaîne du Tibesti, le *Girgiri* des anciens.

Cornelius Balbus poussa par R'damès (*Cidamus*) et la route du Fezzan (*Phazania*) jusques à Garama, capitale des Garamantes, c'est-à-dire jusqu'au massif du Tibesti.

(2) « Septimius Flaccus, qui porta la guerre de Libye en Éthiopie, mit trois mois à y arriver du pays des Garamantes en marchant vers le sud. — Julius Maternus, étant parti de la Grande Leptis avec le roi des Garamantes, alla dans le sud. Ils arrivèrent en quatre mois dans le pays d'Agisymba (Ἀγίσυμβα). »

(Ptolémée, *Géogr.*, ch. VIII).

sans contredit celui de *Tripoli-Mourzouk-Bilma-Koukaoua*.

5. — *Via* TUNISIE. — Les Carthaginois semblent avoir méthodiquement exploité le Soudan et pratiqué principalement, à cet effet, les routes partant du Maroc, de l'Algérie et de la Tripolitaine. Celles de leurs caravanes qui s'organisaient à Lebeda (la Grande Leptis) passaient par Bonjem, Sokna, Sebha, Mourzouk et, de Mourzouk, descendaient à Koukaoua, sur le Tchad, par Tegerri et Bilma. Celles qui se formaient dans les parages du golfe de Gabès (petite Syrte) se rendaient dans le Souf en côtoyant les *Cht'out'* (pluriel de *Chot't'*). Carthage avait au Soudan des établissements permanents considérables, appuyés d'une place forte importante, la célèbre *Hécatompyle* conquise par Hannon vers le milieu du troisième siècle avant notre ère. Or nombre d'érudits estiment que cette hécatompyle, — ou ville aux cent portes — n'est autre que Tombouctou.

Quels étaient les moyens de transport en usage au temps de la civilisation carthaginoise? Certains auteurs veulent que le dromadaire en ait été, comme il l'est aujourd'hui, le principal agent. La chose est peu probable, attendu que le chameau n'est point originaire de l'Afrique; qu'il y a été importé à une époque relativement récente. L'histoire ne mentionne pour la première fois le *vaisseau du désert* que sous le règne de Juba, contemporain de Jules César, et il est vraisemblable que l'usage ne s'en est généralisé qu'à la suite de l'invasion arabe, c'est-à-dire au septième siècle de notre ère. Les Nasamons à la solde de Carthage employaient-ils d'autres bêtes de somme? Des éléphants, des ânes? On ne saurait l'affirmer. Il est plus probable qu'ils se formaient en brigades de *porteurs*, similaires des *pagazis* dont se servent les voyageurs modernes. Ce qui semble autoriser cette hypothèse, c'est le peu de volume et de poids des marchandises échangées entre l'intérieur et la côte méditerranéenne.

Les Carthaginois allaient chercher au Soudan de la poudre d'or, des calcédoines, des ivoires, du coton, des esclaves. Ils y portaient du sel tiré des roches sahariennes (ἁλὸς μέταλλον) ou des *Macomades* de la petite Syrte, du blé, de l'huile, du vin dont aucune religion ne prohibait alors l'usage, des dattes du Sahara, des tissus, de la *rassade* ou verroteries que leurs usines fabriquaient à bon compte, des articles de bimbeloterie, des instruments aratoires, etc.

Ce que Carthage faisait, nous— qui protégeons aujourd'hui Carthage — pourquoi ne le ferions-nous pas ?

6. — *Via* ALGÉRIE. — Ainsi que la Tripolitaine, l'Algérie ouvre plusieurs chemins à qui veut se rendre au Soudan. Les têtes de ligne sont Tougourt, Ouargla, El Goléa, Géryville et Tlemcem.

De Tougourt, on peut se diriger sur R'damès par le Souf, ainsi que l'ont fait Bonnemain (1856), Duveyrier (1860), Mircher (1862), Dourneaux-Duperré et Joubert.

Ouargla est mise en communication avec R'ât par une route de caravanes, qu'a pratiquée Bou-Derba (1858). Ce *qs'eur* sert, d'ailleurs, de base d'opérations aux trafiquants qui, de là, gagnent Kano par Temassinin, la sebkha d'Amadr'or et l'Aïr (1). Les voyageurs peuvent, s'ils le veulent, abandonner ce tracé à Agelachehem, d'où il leur

(1) C'est le chemin qu'a pris le colonel Flatters sur les instances de M. Duveyrier et conformément aux indications fournies par le Rapport Fournié.

est facile de piquer sur le grand coude du Niger par Timissao (1) et Tademekka (2).

El Goléa est un excellent point de départ pour les caravanes qui, de là, piquent sur Tombouctou par In-Sâlah, Mabrouk et Araouan. Cette route, essentiellement directe, a été, en partie, parcourue par Gordon Laing (1826), trois missionnaires algériens et M. Soleillet (1874).

De Géryville, on peut se rendre à Timimoun. comme l'a fait Colonieu (1860), et de là gagner In-Sâlah, puis Tombouctou.

Enfin, In-Sâlah, ce gîte d'étape indiqué, peut être assez facilement atteinte par le voyageur qui, parti de Tlemcen, prend par la vallée de l'ouâd Guir. Cette route était fort suivie au moyen âge.

7. — *Via* MAROC. — Les caravanes marocaines se forment à Tanger, à Mogador, à Sidjilmess, dans le Tafilalet, à Akka, à Tendouf et, plus généralement, dans le bassin de l'oued Draâ, plus ou moins loin du cap Noun.

Les unes, pratiquant la vallée de l'oued Guir, —

(1) On trouve à Timissao des rochers revêtus d'inscriptions datant de l'époque de la conquête musulmane.

(2) Tademekka, dite aussi *Es-Souk*, est l'ancienne capitale des Touareg, aujourd'hui en ruines.

dont les sources sont opposées à celles de la Moulouia — se dirigent sur Kano par In-Sâlah et Agadès. Les autres piquent droit sur Tombouctou par Taodeni. Pratiquée de temps immémorial, cette dernière route a été suivie : par Ebn Batouta (1), Léon l'Africain (2), René Caillié (3), etc.

Les écrivains arabes du moyen âge nous ont laissé nombre de documents touchant les routes du Soudan ayant pour têtes de ligne des points déterminés de la Tripolitaine, de l'Algérie et du Maroc (4).

(1) Parti de Sidjilmess (Tafilalet), Ebn Batouta, de Tanger, visita Tombouctou et revint à Sidjilmess par le Touat (1252-1253).

(2) El Hasan, de Grenade, plus connu sous le nom de *Léon l'Africain*, accomplit, à deux reprises différentes, le voyage de Tombouctou.

(3) Parti du Sénégal, notre compatriote René Caillié descend la vallée du Niger, séjourne à Tombouctou et rentre en Europe par le Maroc 1824-1828).

(4) C'est au cours de la seconde moitié du dixième siècle qu'Ebn Aouqueul, de Bagdad, écrit son fameux *Livre des routes et des royaumes*. Lui-même avait, dit-on, exploré toutes les possessions musulmanes du continent africain. Quoi qu'il en soit, il cite *Aoudegart* (Agadès), *Ghânah* (Kano), *Koughah* (Koukaoua) et d'autres villes du Soudan central.

Au siècle suivant, El Bekri, de Cordoue, compose à son tour un *Livre des routes et des royaumes* où sont décrits, d'après la relation des voyages du fakir Abd-el-

Le réseau de routes qui se branchent ainsi sur la côte septentrionale d'Afrique comporte, on le conçoit, un système de nœuds de communications. Les plus remarquables de ces « étoiles » sont celles de Mourzouk, de R'damès, de R'ât, d'Asiou, d'Agadès et d'In-Sâlah.

Mourzouk se trouve à l'intersection des chemins venant de R'ât, de Bilma, de Tripoli, d'Augila.

R'damès sert de tête commune aux routes qui, de ce centre, mènent à Tougourt, à Tunis, à Tripoli, à R'ât, à In-Sâlah.

De R'ât on rayonne sur Mourzouk, R'damès, Temassinin, Ouargla, In-Sâlah, Asiou et Bilma.

Asiou est situé à la croisée des chemins qui, de ce point, conduisent à In-Sâlah, à R'ât, à Agadès, à Saï.

Agadès est au point d'intersection des routes Asiou-Gouber et Bilma-Bouroum.

---

Melek, la plupart des régions du Centre-Afrique. Il mentionne expressément les So-nraï, le Tekrour, Kano, le Nil des Soudâns (le Niger), etc.

Au douzième siècle, El Edrisi, de Ceuta, familier de la cour de Roger de Sicile, parle également de Kano, du Kanem, du Nil des nègres (toujours le Niger), du Dar-Four, etc.

Au treizième siècle, enfin, Léon l'Africain écrit en italien ses impressions de voyage et y fait, en particulier, mention des routes qui mènent au Soudan central.

En somme, tout converge sur In-Sâlah; In-Sâlah est par excellence l'ÉTOILE des routes de caravanes.

Cependant les puissances qui rêvent la conquête du monde africain ne se contentent pas de prendre des bases d'opérations sur le littoral de la Méditerranée; elles prononcent aussi des attaques par la côte atlantique. Leurs explorateurs ou trafiquants partent, avons-nous dit : les uns, de la baie d'Arguin; les autres, du Sénégal, de la Gambie, de Sierra-Leone ou de quelque autre point des côtes de Guinée. D'autres, enfin, se proposent de prendre pour point de départ notre possession du Gabon (1).

8. — *Via* ARGUIN. — Dès l'année 1626, une maison de commerce de Normandie avait ouvert à Arguin un comptoir fortifié où elle trafiquait, par l'Adrâr, avec le Haut-Niger et Tombouctou.

(1) Cette solution hardie a pour auteur M. Fournié. L'éminent ingénieur a conçu l'idée d'un chemin partant de Libreville (Gabon), atteignant l'Ogooué vers Lopé et se dirigeant de là vers le Haut-Bénoué.

Il ne nous est pas démontré que le projet soit réalisable. En tout cas, il est certain que les régions à traverser nous sont encore absolument inconnues.

Ultérieurement, au temps des guerres de l'Empire, la mer n'étant pas libre, ces relations commerciales devaient fatalement se rompre. C'est ce qui s'est effectivement produit et si violemment qu'elles ne se sont pas renouées à la paix, au grand désappointement des berbères du littoral et des gens de l'Adrâr.

Ce qu'il convient d'observer c'est que, alors que le général Faidherbe était gouverneur du Sénégal et que le capitaine Vincent explorait l'Adrâr, un des chefs d'Arguin sollicita de la France la faveur du rétablissement des comptoirs normands du dix-septième siècle. Le gouvernement français n'ayant pas cru devoir prendre cette demande en considération, ce sont les Anglais qui ont profité de l'offre et fait l'affaire.

Affaire des plus brillantes, comme toutes celles que font nos voisins d'outre-Manche !

Au mois d'août 1879, alors que notre *Commission supérieure* du chemin de fer Transsaharien procédait à ses premières opérations, un Anglais, membre de la Société de Géographie de Londres, écrivait, non sans quelque ironie, au malheureux Flatters : « J'espère que nous nous « rencontrerons à Tombouctou où je compte « aller cet hiver. *Depuis trois ans* (!) nous en-« voyons des marchandises à Tombouctou par

« Arguin. En 1875, un de mes commis s'y est « rendu et la relation de son voyage a été publiée, « Un de nos navires — le *Corsaire* — vient de « partir pour Arguin ; il repartira dans quelques « mois et je ferai route avec lui. »

9. — *Via* Sénégal. — Dès les premières années du siècle de la Renaissance, des maisons de Dieppe et de Rouen avaient des établissements au Sénégal. Toutefois, les premières reconnaissances de cette région n'ont été faites que par André Brue, de 1697 à 1720. Le mémoire de Brue avait vivement intéressé Louis XIV qui eut l'intuition du parti qu'on pouvait tirer d'un pays si voisin de la vallée du Haut-Niger. Dans cet ordre d'idées, Colbert n'hésita pas à conseiller au roi la conquête du Sénégal.

Depuis lors, la région a été explorée par Compagnon (1716), Rubault (1786), Mollien, Gray et Dochard (1818-1821), René Caillié (1824-1826), de Beaufort (1825), Raffenel (1844), Mage et Quintin (1863-66), Soleillet (1878-79), etc.

Suffisamment éclairée par les relations de ces grands voyageurs, la *Commission supérieure* de 1879 avait émis le vœu qu'on classât de première urgence la voie ferrée *Saint-Louis-Dakar-*

*Medine-Bamakou-Tombouctou* — ou, plus simplement, *Dakar-Tombouctou* — destinée à l'intercourse avec le bassin supérieur du Niger.

On sait de quels mécomptes ont été suivis les commencements d'exécution de ce chemin de fer sénégalais.

10. — *Via* GAMBIE. — A l'heure où nos premiers explorateurs tâtaient le Sénégal, les Anglais l'étudiaient aussi; mais la vallée de la Gambie avait surtout le don de les séduire. C'est le bassin de ce cours d'eau qu'ont, tour à tour, exploré Thompson (1588), Robert Jobson (1620), Stibbs (1724), Houghton (1790-91), Mungo-Park (1795-99 et 1805), Peddie et Campbell (1816), etc.

Nos voisins d'outre-Manche n'ont pas absolument réussi dans cette voie, et la Gambie paraît abandonnée.

11. — *Via* CÔTES DE GUINÉE. — Donc, ayant renoncé à la *via* Gambie, nos voisins ont essayé de prendre pour base quelque point bien choisi sur les côtes de Guinée; de gagner le Haut-Niger en partant de Sierra-Leone, ou le Niger inférieur, soit par le pays des Achantis, soit par le Dahomey.

Dès l'année 1772, Norris pousse une reconnaissance à travers ce Dahomey de renommée sinistre. Coomassie reçoit la visite de Bowdich (1817), de Dupuis et Hutton (1820), de Thomas Freeman (1841); l'expédition de 1873 permet ensuite au général Garnet Woolseley d'explorer à son aise tout le territoire *ashantee.* Sierra-Leone est le point de départ de Watt et Winterbottom (1794), du major Gordon Laing (1822), de Mr Winwood Reade (1869), etc.

Aucune de ces tentatives *via* Guinée n'ayant amené de résultats de nature à leur donner pleine satisfaction, nos voisins ont renoncé aux voies de terre. Au lieu de prendre pied quelque part sur la côte, ils ont jeté les yeux sur les Bouches du Niger et, s'en étant assuré l'accès, se sont ouvert la grande voie navigable dont il convient d'étudier le cours.

C'est ce que nous allons faire au chapitre qui suit.

## VIII

### Le Niger.

« Les grands fleuves, dit fort bien M. Estance-« lin (1), sont les routes créées par la nature pour « faire pénétrer au milieu des continents incon-« nus la civilisation avec toutes les découvertes « de l'industrie et de la science. Le Niger est un « des plus grands fleuves du globe. »

Comme toutes les choses de ce monde qui sont d'importance majeure ou d'usage courant, il est essentiellement polyonyme, le gigantesque cours d'eau qui baigne le nord-ouest du continent africain.

Les Mandings l'appellent *Dhiouliba, Yoliba* ou *Baba*; — les Foullanes, *Mayo*; — les Touareg, *Egirrhoï*; — les So-nraï, *Issa*, *Saï* ou *Sâ*; — les

(1) *Figaro*, numéro du 19 août 1888.

Kassi, *Tembé* : — les Kombori, *Quorra* ou *Kouara* ; — les Haoussaoua, *Béhi-n-roua*. Les Arabes le nomment « Nil du Soudan » (*Nyl-el Sôdan*) (1) ; les Anglais, *Gange d'Afrique*. Il est plus communément désigné par les Européens sous la dénomination de *Niger* (2).

(1) Il sera dit ci-après que les anciens affirmaient l'existence d'un canal ou fleuve mettant en communication le Nil et le Niger.

« On regarde, dit Champollion-Figeac, on regarde comme assez positif que des voyageurs se sont rendus *par eau* de Tombouctou, grande ville de l'intérieur, au Caire en Égypte et, comme la première de ces deux villes est située dans le voisinage du Niger, on en a conclu ou que ce grand fleuve, non moins célèbre que le Nil, était le Nil même coulant de Tombouctou en Égypte, ou qu'une rivière — encore inconnue — établit entre ces deux fleuves une communication navigable. Mais c'est encore un mystère... et il faut espérer qu'il sera bientôt dévoilé, tant les savants et les voyageurs s'occupent avec suite et avec dévouement à le pénétrer. »

Il n'est point hors de propos de mettre ici en regard du texte de Champollion ces passages significatifs de Pline (*Hist. nat.* V. IV et VIII ; et VIII. XXXII) : «... Flumen *Nigrin* qui Africam ab Æthiopia dirimit — ... gentes *Nigritæ* a quo dictum est flumine... — *Nigri* fluvio eadem natura quæ Nilo : calamum et papyrum et easdem gignit animantes, iisdemque temporibus augescit. — Apud Hesperios Æthiopas fons est *Nigris*, ut plerique existimavere, Nili caput. »

(2) A l'exemple du général d'Audigné, membre de la troisième sous-commission du Transsaharien, qui fonctionnait en 1879, nombre de commentateurs distingués qualifient le Niger de *Nil noir*. Soit... mais, à la condition qu'on bannisse, à ce propos, toute idée de traduction de l'adjectif latin.

La philologie moderne nous permet, en effet, de formuler

Toutefois, les explorateurs s'accordent à réserver le nom de *Djoliba* au Haut-Niger, c'est-à-dire à la section du grand cours d'eau comprise entre ses sources et Tombouctou ; — celui de *Nil-el-Soudan* au Niger moyen, qui se développe de Tombouctou à Yaourie ; — enfin, le nom de *Kouara* au Niger inférieur, de Yaourie à l'embouchure.

Il n'y a pas longtemps que nous avons acquis des notions exactes touchant le cours du Niger, cours que les Portugais ont confondu longtemps avec celui du Sénégal. Ramusio a même annexé à l'ouvrage de Léon l'Africain une carte représentant le Gange d'Afrique avec appendice d'un delta à deux branches formées du Sénégal et de la Gambie. Ultérieurement, en 1570, la mappemonde d'Ortelius dessine un fleuve prenant source en Nubie, coulant directement vers l'ouest et se divisant, à son embouchure, en plusieurs bras, dont le Sénégal et le Rio-Grande. Ce n'est qu'au dix-huitième siècle que Delisle et d'Anville

des conclusions tout autres. Le mot *Ger* est, en tamachek, la dénomination générique de toute espèce de cours d'eau; quant au préfixe *Ni*, il implique l'idée d'une masse liquide de grande surface.

séparent expressément les sources et bassins du Rio-Grande, de la Gambie, du Sénégal et du Niger que l'on combinait si étrangement depuis un temps immémorial. Ce n'est qu'au commencement du dix-neuvième que Mungo-Park confirme *de visu* cétte distinction importante.

Aujourd'hui le cours du Niger est bien déterminé, bien connu, au moins dans son ensemble.

Prenant source au mont Loma, principal pic des massifs montagneux du Fouta-Djalon (1), — d'où sortent également le Sénégal et le Falémé — le Niger commence par couler vers le nord-est, décrit une grande courbe de 206 kilomètres de rayon — dont Tombouctou et Bamba occupent le sommet — tourne au sud-est et court en ligne droite jusqu'à ce que, arrêté dans cette direction par de puissants contreforts, il soit forcé de s'infléchir vers le sud, où on lui voit finir par dessiner un vaste delta marécageux étalant en éventail un grand nombre de branches.

(1) A 126 kilomètres dans le sud-ouest du mont Loma et 310 kilomètres dans l'est de Freetown, chef-lieu des possessions anglaises de Sierra-Leone, MM. Josué Zweifel et Marius Moustier ont vu, en 1880, le *Tembi-Koundou* ou montagne tête de la rivière *Tembé* (un des noms du Niger). Ce cours d'eau naît par 8° 36' de latitude nord et 12° 50' de longitude ouest (méridien de Paris). C'est la source la plus éloignée et probablement la véritable source du Niger.

Le Gange soudanais mesure — y compris le système de ses canaux naturels — un développement total de QUATRE MILLE kilomètres accessibles, *durant huit mois de l'année*, aux bâtiments de fort tonnage, et dont SEIZE CENTS au moins sont, en toute saison, navigables. Observons, d'ailleurs, que la navigation se trouve entravée vers Boussa par une série de rapides (1).

~~~~~~~~~~~~~~~

L'Écossais Mungo-Park est le premier Européen qui ait pratiqué le Haut-Niger et le Niger moyen, dont il a descendu le cours, en 1805, jusqu'à ces trop fameux rapides de Boussa. Après lui, c'est Alexandre Gordon Laing qui tâte les eaux du fleuve (1822), lequel, dit-il, est déjà, dans le Bambarra, aussi large que la Tamise à Wesminster (*through the Kingdom of Bambarra with*

(1) Cet accident hydrographique n'était pas de nature à décourager le comte de Navailles qui, le 23 mai 1831, écrivait intrépidement au maréchal Soult :

« ... Nous pourrions l'ennoblir (la conquête de Tombouctou) « en faisant sauter les rochers qui font obstacle à la naviga- « tion du Niger... à l'imitation de ce que fit l'impératrice « Catherine II, de Russie, quand, en faisant sauter les « rochers qui rendaient impossible la navigation du Dnieper « ou du Borysthène, elle a établi la possibilité de remonter « ce fleuve jusqu'à cinq cents lieues de la mer Noire où il « se décharge. »
~~~~~~~~~~~~~~~

*a width nearly equal to that of the Thames at Wesminster*). C'est ensuite René Caillié, notre compatriote, qui, en 1826, descend de Djenné à Tombouctou, à bord d'un bateau du pays, bourré à couler bas d'une cargaison d'esclaves.

Hier encore, un officier de la marine française refaisait bravement cette navigation.

Appelée à remorquer un canot Scharpee et un chaland de dix tonneaux, la canonnière *Niger*, qui devait marcher au bois, n'avait embarqué que huit tonnes de charbon. Elle était commandée par le lieutenant de vaisseau Caron, ayant pour adjoints ou membres de son état-major le docteur Jouenne, médecin de la Marine, et le lieutenant Lefort, de l'infanterie de Marine. Son équipage se composait de six Européens — mécaniciens ou matelots — et de huit chauffeurs indigènes. Partie, le 1er juillet 1887, de Manambougou — point sis à quarante kilomètres en aval de Bamakou — la canonnière *Niger* avait, au cours de la seconde quinzaine d'août, connaissance de Kabara, le port de Tombouctou. Après un court mouillage en vue de la « Reine du Soudan », elle était, le 6 octobre, de retour à Manambougou.

Il n'était que temps d'y arriver!... Les inondations empêchaient, depuis longtemps, l'équipage de descendre à terre pour y faire du bois (1) et, comme dans l'avant-dernier tableau du *Tour du Monde* de Jules Verne, il avait fallu démolir, dépecer le chaland pour alimenter la machine. Et puis, les barreaux des grilles du foyer s'étaient effondrés les uns après les autres... le bois brûlait sur le cendrier.

Cette reconnaissance du Haut-Niger ne sera pas un fait isolé de l'histoire des voyages modernes. Le colonel Gallieni écrivait effectivement à la date du 1er mars 1888 :

« La canonnière *Mage* est en route pour « atteindre le Niger, mais c'est une grosse « opération.

« Les résultats du voyage du *Niger* ont été « considérables et, chaque jour, les lettres qui « me parviennent des chefs des États situés le « long du grand fleuve me prouvent quel reten- « tissement a eu partout la belle exploration du « commandant Caron.

« Espérons que le *Mage* ne tardera pas à aller « renforcer notre flottille du Niger. Cela nous

(1) La canonnière *Niger* ne consomma pas, au cours de son expédition, moins de 400 tonnes de bois, dont la moitié au moins fut coupée par l'équipage. Cette chasse au combustible était le gros souci de nos explorateurs, qui ne pouvaient s'approvisionner qu'au jour le jour.

« permettra d'explorer jusqu'en ses moindres « détails la région arrosée par les nombreux « affluents du Niger et de rapporter une carte « complète du bassin supérieur du fleuve. »

---

Depuis longtemps, avons-nous dit, les Anglais semblent avoir renoncé de parti-pris à l'exploitation du Haut-Niger. Ayant chargé leur fusil d'épaule, ils ont attaqué le problème par le bout opposé; ils ont forcé les bouches de ce Gange du Soudan central dont ils espèrent bien faire des Indes africaines.

La gloire d'une navigation *princeps* dans les eaux du Niger inférieur appartient tout entière aux frères Lander (1830), à Mac-Gregor Laird, Oldfield et William Allen. C'est en 1832 que ces derniers ont réussi leur voyage de la bouche Noun au confluent du Bénoué. Ultérieurement, en 1841, une expédition patronnée par le gouvernement de la Reine a recommencé cette navigation. Plus tard, en 1852, Mr Laird, le fondateur de l'*African Steamship Company*, est parvenu à échelonner sur les deux rives une première série de comptoirs. En 1854, enfin, les voyageurs Baikie et May ont habilement et rapidement perfectionné l'organisation de ces établissements commerciaux.

Remonter avec les Anglais le Niger inférieur, ce ne sera point faire ici, tant s'en faut, un hors-d'œuvre.

Les abords du fleuve sont difficiles. Saturées de débris végétaux qu'elles tiennent en suspension, les eaux de l'estuaire offrent, durant le jour, l'aspect d'une mer de chocolat, zébrée de veines laiteuses. La nuit, ces eaux deviennent phosphorescentes du fait des myriades d'animalcules vomies par toutes les bouches du delta. Elles sont, par tous les temps, ces eaux dangereuses, tachetées d'écume, d'une écume dont les ondes heurtées figurent assez bien, dans leur ensemble, une plage basse, hérissée de brisants.

La base du delta ne mesure pas moins de *trois cent soixante kilomètres* festonnant irrégulièrement la côte de Guinée. Or il est essentiellement *polystome*, le Gange d'Afrique. Se reconnaître dans ce système d'embouchures souvent tourmentées, cela n'est pas toujours commode.

C'est la bouche Noun qu'il faut prendre.

Orientée par 4° 16' 40" de latitude nord et 3° 44' 36" de longitude est (méridien de Paris), ladite bouche Noun s'ouvre entre la pointe *Palm* et la pointe *Trotter*, promontoires bas et boisés dont les extrémités sud sont soudées ensemble par une barre de sable, brisant d'un bord à l'autre. C'est entre ces deux pointes que se dessine le chenal à enfiler par qui veut pratiquer la rivière Noun.

La pointe Trotter une fois reconnue, le commandant du bord doit manœuvrer de façon à la tenir par le nord de 2° 36' à l'ouest de la pointe *Palm*. En procédant ainsi, il trouve les plus hauts fonds de la barre et peut, moyennant quelques tâtonnements, entrer sans courir trop de dangers dans le fleuve, qui apparaît calme, magnifique et déjà large de cinq kilomètres. A peine a-t-on dépassé la pointe Trotter — ayant pour symétrique la pointe *Baracoun* — que l'on voit cette largeur s'élever à dix-huit!...

Les trente premiers kilomètres de navigation fluviale se font malheureusement dans d'assez tristes conditions d'hygiène. Les mangliers qui bordent les rives y forment, çà et là, des berceaux de verdure, interceptent la circulation de l'air, barrent le courant, retiennent le limon et arrêtent au passage des débris organiques de toute espèce. De là des émanations délétères que des poumons humains n'aspirent pas impunément.

En amont de la susdite pointe Trotter, le voyageur voit émerger des eaux les îles *Alburkah*, *Clarendon et Nicolls*. Il lui faut filer droit entre les deux premières et poursuivre par la crique

*Louise*, laquelle s'ouvre au sud-est de « Nicolls' island ». La sonde accuse alors 5m,50 de profondeur. Après *Nicolls* se dessine l'île *Darwall*, qu'un épais fourré de mangliers relie à la rive droite. A cette hauteur, les bords du fleuve sont couverts d'une végétation luxuriante dans laquelle dominent les tamariniers et les palmiers flabelliformes. Plus loin, vers 4° 27' 50" de latitude nord, apparaît l'île *Sunday*. C'est là que se termine enfin la sinistre zone des mangliers, l'une des plus riches provinces du royaume de la Fièvre.

Alors le fleuve s'encaisse entre des rives abruptes moins malsaines que les fanges du delta et le long desquelles s'échelonnent de nombreux villages. Il s'étrangle de plus en plus... ne mesure un instant que 200 mètres de largeur et ne reprend 400 mètres qu'en vue d'*Angiama*.

Par 5° de latitude nord, le navigateur a connaissance de l'île *Wilberforce*, que baigne un bras du fleuve dit *Ogoubouri*, et en amont de laquelle le thalweg du Niger s'encaisse plus profondément encore. Parmi les centres de population, dont le nombre se multiplie, se distingue le beau village qu'Allen a nommé *Hippopotamea*.

Vers 5° 21' 40" apparaît l'*Ouari*, bras du fleuve que l'*Oëre* met en communication avec le *Rio-Formose*.

En amont de cet Ouari, l'on passe par une série d'étranglements alternant avec de soudains élargissements bordés de larges plaines au milieu desquelles se pressent, plus que jamais, d'opulents villages... et l'on arrive en vue d'*Abo*.

Sise au sommet du delta, par 5° 30' de latitude nord, Abo est une ville de 8,000 habitants. C'est un centre d'affaires où se fait spécialement un important commerce d'huiles de palme. En face de ce grand marché se profilent les îles *Charlotte* et *Laird*, où sont établies de superbes factoreries anglaises.

En amont d'Abo, la population riveraine se montre de plus en plus dense. La navigation devient, d'autre part, de plus en plus difficile à raison de la multitude d'îles qui embarrassent le lit du fleuve.

*Onitsha* est assise, par 6° 10' de latitude nord, sur une éminence de 300 mètres, au pied de laquelle s'ouvre un excellent port. C'est une ville de 2,000 habitants, où se tient également un grand marché d'huiles de palme. Trois grandes compagnies anglaises — l'*African Steamship Company*, la *British African Company*, l'*African Association* — y ont créé des établissements : quatre factoreries et une mission protestante.

Après Onitsha la navigation devient absolument ardue et ce n'est pas sans peine qu'on arrive en vue d'*Iddah*, sise — rive gauche — au pied d'un grand escarpement par 7° 6' 20" de latitude nord. C'est une ville de dix mille habitants, un important marché dont les Anglais se sont assuré l'hégémonie.

Au delà d'Iddah l'on passe entre deux chaînes de hauteurs que déchirent de nombreux affluents du fleuve. Rive droite, c'est entre autres le mont *Deacon*, dont l'altitude s'élève à 7,000 mètres ; rive gauche, c'est la série des monts du *Roi Guillaume* dont les principaux sommets sont le *Pardy*, le *Saint-Michel*, le *Franklin*, le *Krosier*. Un des plus remarquables de ces massifs rocheux est le *Peak* qui darde vers le zénith une pointe de 3,000 mètres ! Dans cette section le navigateur a connaissance de plusieurs milliers de villes ou villages florissants — dont les plus remarquables sont *Iroko*, *Igbo* sise au pied du mont Saint-Michel, *Beaufort*, dans l'île de ce nom, etc., — et il arrive à *Loukodja* sise par 7° 46' de latitude nord (1).

(1) Il convient de consigner en un tableau synoptique les latitudes des points les plus importants du Niger inférieur :

| | |
|---|---|
| La bouche Noun | 4° 16' 40". |
| L'île Wilberforce | 5° |

Loukodja est une escale — anglaise, bien entendu — établie au pied du mont *Patte*, lequel profile son dôme volcanique en face du confluent du Bénoué. C'est en 1841 qu'une expédition, patronnée par le gouvernement anglais, a entrepris en cet endroit l'organisation d'une ferme-modèle (1). Ultérieurement, en 1852, il y a été créé un consulat (2); en 1865, une mission protestante (3). A l'entour des bâtiments d'utilité publique sont venues, peu à peu, se grouper des factoreries, et l'ensemble des constructions existantes constitue aujourd'hui une très importante station. Chef-lieu des établissements anglais de la région nigritienne, Loukodja est un grand marché que fréquentent les négociants de Liverpool, de Sierra-Leone et de Lagos.

La navigation du Niger inférieur est aujourd'hui régulière. Une douzaine de steamers font un service de va-et-vient des ports anglais de la

| | |
|---|---|
| Abo, sommet du delta, | 5° 30'. |
| Onitsha | 6° 10'. |
| Iddah | 7° 6' 10". |
| Loukodja | 7° 46. |

(1) L'essai a pleinement réussi. Au lendemain de sa création, cette exploitation occupait 600 indigènes.

(2) De 1855 à 1864, le docteur Balkie a résidé à Loukodja en qualité d'agent consulaire du gouvernement anglais.

(3) Organisée par l'évêque anglican Crowther.

côte atlantique aux factoreries échelonnées le long du fleuve, d'Abo à Loukodja. C'est par cette large voie que nos voisins d'outre-Manche inondent le Soudan de cotonnades de Manchester, d'articles de coutellerie de Sheffield, de thé, de sel, d'armes à feu, de verroteries, de marchandises de toute espèce. Escomptant l'avenir, ils professent hautement, nous l'avons dit, que ces contrées nigritiennes seront bientôt pour eux d'autres Indes — des Indes qu'ils sauront exploiter conformément à leurs us.

Il n'est que temps pour nous d'arriver au Niger.

---

Peu satisfaite encore d'avoir ainsi monopolisé un nouveau Gange, l'ambition anglaise s'est tournée de là vers un autre but plein d'attraits. Elle a visé le « cœur de l'Afrique ». Passer du bassin du Niger dans le bassin du Tchad, tel est le problème qu'elle s'est posé.

Deux solutions distinctes s'offrent à qui ose tenter l'entreprise. Le voyageur cherchant à arriver au Lac peut, dans ce but, viser l'un ou l'autre de ses deux principaux affluents ; se proposer d'atteindre soit le komadogou (fleuve) *Ouaoube*, — dit aussi *Yoï* ou *Yeou* — soit le *Chari*.

Qui veut gagner l'Ouaoube a le choix entre deux

chemins: la vallée du *Mayaroou* et celle de la *Kadouna*.

Le *Mayaroou* ou, plus exactement, le mayo (rivière) *Ranneo* est un affluent de gauche du Niger, affluent dont les eaux baignent la région qui se développe au nord du Nyffi ou Noupé. On remonte ce « mayo » jusqu'à hauteur de *Gouari*, où l'on prend la voie de terre qui conduit à Kano, capitale du Bornou.

La *Kadouna*, dite aussi *Lifoun*, est également un affluent de gauche, débouchant en amont d'Egga. Qui remonte cette Lifoun jusqu'à *Saria* ou *Sósó* parvient aussi de là dans le bassin du komadogou Ouaoube.

La seconde solution du problème consiste, avons-nous dit, en la pratique d'une voie menant à la vallée du Chari. Le voyageur qui l'adopte doit commencer par prendre le Bénoué.

Suivons le navigateur qui va remonter cet autre affluent de gauche.

Le Bénoué (1) conflue au Niger entre Loukodja

(1) *Be noué, Be noë* ou *Bi noué*, dénomination essentiellement féminine, implique la signification de « mère des Eaux », dans l'idiôme de la tribu des Batta, riverains du cours moyen du fleuve considéré.

Suivant cette idée préconçue que le Bénoué avait le Tchad pour réservoir régulateur, les frères Lander avaient pensé pouvoir donner au fleuve le nom significatif de *Tchadda*.

et Igbébó, village de 500 âmes, en face duquel prospère la factorerie anglaise qui porte le nom de *Town*. Là, à son débouché, il ne mesure pas moins d'un kilomètre et demi de largeur. Ses eaux sont hautes, rapides et la navigation y est rude, attendu qu'il est tantôt semé d'îles et de bancs de sable, tantôt profondément encaissé entre des escarpements qui l'étranglent. *L'Archipel de l'Amirauté* et les parages de l'île *Sir Charles Olge* y forment des pas difficiles ; le *défilé d'Ogba* et les *gorges de Kororofa* ne sont guère plus commodes. La vallée ne s'élargit un peu qu'en amont de Charo, là où commencent à s'ouvrir les grandes plaines de l'Hamarroua.

*Gourooue* est le point *terminus* de la navigation de la *Pléiade*, à bord de laquelle se trouvaient, en 1854, les explorateurs May et Baikie. De là, Baikie continua en canot jusqu'à *Doulti*, sis à plus de six cents kilomètres de Loukodja, soit par 9° 24' de latitude nord et 9° 10' 11" de longitude orientale. En cet endroit le Bénoué n'a plus que 300 mètres de large.

Poursuivant en amont de Doulti, le voyageur arrive au *Taepe*, sis par 10° 10' 10" de longitude est. « Taepe » est le nom que les gens du pays donnent à l'embouchure du *Faro*, affluent de gauche du Bénoué. Là, celui-ci arrose un pays de plaines d'où émerge, au nord, le mont *Taïfa*; au sud, le mont *Alantika*.

Que, à partir du Taepe, l'on remonte encore le Bénoué l'espace d'une centaine de kilomètres, on arrive au *Gewe*, sis par 11° 25' de longitude est. « Gewe » est le nom de l'embouchure du *Kebbi*, affluent de droite du Bénoué.

A mesure qu'on remonte le fleuve, on constate nécessairement la décroissance progressive de la hauteur de ses eaux. A Doulti, il mesure encore 5m50; au Taepe, 3m45; mais, du Taepe au Gewe, la sonde n'accuse guère que 90 centimètres en moyenne. Le *Kebbi*, petit mayo (rivière), tapissé de longues herbes traînantes, n'a plus qu'une trentaine de centimètres et n'est, par conséquent, accessible qu'aux bateaux plats ou radeaux des indigènes. Le *Mendify* (1) enfin, affluent du Kebbi,

(1) Ainsi nommé à raison de son voisinage du Mendif.

Le mont Mendif est de forme conique. Sa base mesure environ 90 kilomètres de circonférence; son altitude est de 5,000 mètres. Il s'élance vers le zénith avec une hardiesse saisissante. Quelques autres pics moins audacieux lui composent une ceinture de satellites, et l'ensemble de ces pitons présente l'aspect des aiguilles de Chamouni, telles qu'on les aperçoit de la mer de glace. La teinte blanchâtre du système pourrait faire croire qu'il est de formation calcaire. En réalité, le Mendif, énorme volcan éteint, est un cône de basalte noire; sa couleur blanche n'est due qu'au guano des oiseaux qui l'habitent par myriades innombrables.

n'a d'eau qu'au temps de la saison des pluies (août et septembre); au mois de janvier, il est complètement à sec.

Le voyageur qui a pris pour objectif la vallée du Chari doit suivre à pied la rive gauche de l'aride Mendify; puis, à Bindor, s'écarter de cette rive pour se jeter franchement dans l'est et traverser le pays des Mousgous, lequel pays est, selon l'expression de Barth, une vraie *Hollande africaine*. Il ne comprend, en effet, que de vastes plaines couvertes d'une végétation luxuriante. Gazon, hautes herbes, plantes fourragères, arbres de toute essence aux branches desquels montent de grands serpents de vigne sauvage, tout est splendide dans ces forêts marécageuses, et cela se conçoit. Le pied de chacun de ces arbres est perpétuellement baigné d'une eau saturée de détritus; chacun de ses bouquets de tête s'épanouit sous un ciel de feu.

Ces humides savanes sont, çà et là, coupées de larges flaques d'eau stagnante. Simple apparence de stagnation cependant. Certaines de ces inondations permanentes sont, à la manière des *eaux mortes* du Gange, en communication occulte avec de grands fleuves; d'autres, qui ne se relient pas ainsi à des cours d'eau vive, communiquent entre elles, se créent divers systèmes de courants intérieurs et forment, à travers la campagne, un réseau de voies navigables. Ces contrées sont donc assez justement dites *Pays-Bas d'Afrique*, bien que leur attitude moyenne mesure plus de 300 mètres.

Traversant donc le territoire des Mousgous, dit « Hollande africaine », le voyageur *via* Bénoué passe par Fataouel, Kadé et arrive à Mouskoun.

Il est sur le Chari !

---

Fort bien... mais ici se pose un autre problème. Il s'agirait d'ouvrir une voie *navigable* permettant de passer, sans rompre charge, du Bénoué dans le Chari. L'étude de cette question — que les Anglais s'étonnent de n'avoir pas encore résolue (1) — a été suggérée au monde européen par Barth qui n'a pas craint d'en prophétiser une heureuse solution. « Un jour, a dit l'illustre « voyageur, on exploitera cette longue suite de « fleuves plus ou moins navigables qui traversent « l'Afrique centrale et qui paraissent former, au

(1) On lisait récemment dans un journal de Londres : *Why have not the English opened out the route to Bornu by the Binue river ?*

« moins en quelques saisons et pour des embar-
« cations de faible tonnage, une voie de commu-
« nication directe entre le golfe de Benin et le
« Tchad. »

Et, en ce qui concerne spécialement le grand affluent du Niger :

« Le Bénoué, a-t-il ajouté, est destiné à tenir
« un rôle essentiellement civilisateur; c'est la
« grande artère indispensable à la régénération
« et au développement pacifique de l'Afrique cen-
« trale. »

Sans nier l'autorité de Barth en pareille matière, on est bien en droit de se demander si réellement le problème est soluble.

Or nous n'hésitons pas à répondre affirmativement.

Et d'abord, s'il nous était permis de fournir, à l'appui de notre opinion motivée, des preuves tirées de certains récits légendaires, nous dirions qu'il est de tradition que Moïse (1) pratiquait une

(1) Moïse ou, plus exactement *Moussa* (le fils de Sâ) symbolise au Soudan la civilisation sémitique, de même que le Melkarth, ou hercule de Tyr, personnifie au nord du continent le génie phénicien. Civilisateur préhistorique de l'Afrique, le Moussa, hercule de la race de Sem, y a laissé des traces notamment à Timissao, sur les rives du Niger (*Issa*, le fleuve de Sâ), etc.

voie fluviale — celle du Bénoué — pour gagner le Niger à partir du lac Tchad, voire à partir du Nil (1).

Mais ne prenons les légendes que pour ce qu'elles valent.

La série de *ngaldjam* ou marécages qui s'étalent entre le Bénoué et le bras occidental du Chari (Ba-Logone) semble — au moins durant la saison des pluies — établir une communication naturelle entre les deux fleuves et, par conséquent, entre le golfe de Benin et le lac Tchad. Il est certain que les gens de l'Adamaoua et du Logone arrivent alors jusqu'à *Daoua* dans le pays des *Toubouri*; il est fort probable que de Daoua au Ba-Logone une communication s'ouvre alors par le large *ngaljam* de Dermmo, baignant la portion de Hollande africaine qu'on appelle *Woulia*.

Il est non moins certain que, durant les crues

(1) Ainsi que nous l'avons dit plus haut, les anciens confondaient le Nil et le Niger ou, plus exactement, affirmaient qu'il existait entre les deux fleuves une communication navigable. Cette assertion mérite d'être prise en considération sérieuse. Le docteur Nachtigal a, en effet, constaté que la vallée du Bahr-el-Ghazal est plus basse que le Tchad. Il est donc, jusqu'à certain point, permis d'admettre qu'il a jadis existé une voie navigable de l'Atlantique à la Méditerranée au travers du continent africain : que le lac servait alors de trait d'union entre le Nil et le Niger.

des fleuves considérés (1) l'*ayou*, espèce de lamantin d'eau douce (*manatus Vogelii*) passe du bassin du Chari dans celui du Bénoué.

Observons que la distance de Daoua au Ba-Logone (bras occidental du Chari) n'est que de 37 à 38 kilomètres en terrain absolument plat ; et, d'autre part, que du Gewe (confluent du Kebbi) au Taepe (confluent de Faro) la pente du Bénoué est exactement la même que celle de la section du Ba-Logone comprise entre la Woulia (région des Pays-Bas d'Afrique) et le Tchad.

De tout quoi nous nous croyons en droit de conclure qu'il est *possible* d'ouvrir un canal de communication entre le Bénoué et le Chari ; de relier ainsi au golfe de Benin le grand lac dit « cœur de l'Afrique ».

(1) Au moment de ses crues, qui durent une quarantaine de jours, — du 20 août au 30 septembre — le Bénoué s'enfle énormément. Son niveau monte de quinze mètres; il inonde au loin la campagne; on ne voit plus alors émerger sur ses rives que les cimes des plus hauts cotonniers.

## IX

### Solution nationale du problème à résoudre.

Ce canal, appelé à relier le lac Tchad au golfe de Benin, qui essayera de l'ouvrir ?

Cette voie navigable du Chari au Bénoué, que pratiquaient jadis — si l'on en croit les légendes — les flottilles de Sidi Moussa, qui se chargera de la restituer? Qui entreprendra d'élever au rang de véritable communication interfluviale cette zone de marécages que le lamantin « ayou » traverse à l'heure des inondations périodiques?

Ce ne sera vraisemblablement aucun de nos compatriotes.

Instruit par l'expérience — une expérience chèrement acquise — l'argent français s'est désintéressé de toutes les entreprises exotiques ; il ne s'attachera plus désormais à soutenir la cause de ce que des sycophantes intitulent outrageusement « les grands intérêts internationaux du commerce et de l'industrie. »

A d'autres !

---

Une Compagnie française aurait, d'ailleurs, grand'peine à prendre pied dans ces régions dont les Anglais sont maîtres. Comme il a été dit plus haut, nos voisins d'outre-Manche ont monopolisé à leur profit le Niger inférieur et le Bénoué. Ils y ont établi leur domination, une domination si absolue qu'aucun pavillon autre que le leur ne saurait sans danger affronter ces parages.

Le *Pélican*, à la maison Jasselme, Huchet, Desprez et Cie avait eu, il y a quelques années, maille à partir avec les Anglais du Niger et voici qu'un autre navire français vient de se perdre du fait de quelques menées sourdes inspirées par un esprit d'accaparement féroce.

Ce navire que nous nommerons, si l'on veut, la *Joliette* (1), appartenait à des négociants de Marseille. C'était un élégant aviso à vapeur, sorti des chantiers de La Ciotat. Taillé pour la course,

(1) L'affaire que nous allons exposer s'étant terminée à la satisfaction de la partie plaignante, nous avons cru devoir imposer le voile du pseudonyme au bâtiment héros ou plutôt victime de l'aventure.

ce petit bâtiment, bien établi, ne tirait guère que deux mètres, malgré ses 400 tonneaux de jauge. Ses foyers étaient organisés de manière à fonctionner soit au charbon, soit éventuellement au bois. Taillé pour la lutte aussi, le bel aviso, car il était armé de quatre petits canons à tir rapide, système Hotchkiss — deux de chaque bord — et d'une mitrailleuse Maxim en batterie sur la dunette. Avant tout, cependant, bâtiment de commerce. Son chargement se composait de pièces de limœneas royales, de madras, d'indiennes de Rouen, de couteaux, d'hameçons et d'aiguilles, d'allumettes, de pommades, de verroteries, etc., à échanger contre des huiles de palme, des gommes et des ivoires.

Arrivé au fond du golfe de Guinée, le capitaine de la *Joliette* avait, en conformité des instructions de ses armateurs, visé les passes de la bouche Noun et, pour atteindre son but, demandé un pilote au plus puissant des chefs indigènes de la côte, au sultan (!) de Brass-River. Tout d'abord, ce monarque avait nettement refusé de souscrire à la demande formulée par les Français. Se ravisant ensuite, ce généreux souverain avait daigné s'engager à fournir le pilote demandé, moyennant la modique rétribution de 20,000 livres sterling !!... « Et encore, avait fait observer Sa

« Majesté noire, je m'expose, à peu près certai-
« nement, à la mort, attendu que les Anglais,
« dont je suis le vassal, m'ont interdit de procurer
« des guides aux étrangers. »

D'où il advint que le capitaine dut se passer de pilote, se contenter de ses cartes et pénétrer, comme il put, dans le fleuve.

Ce n'était là, toutefois, qu'un prélude des difficultés de la navigation fluviale que nos compatriotes avaient l'audace d'entreprendre.

A la hauteur de l'île Wilberforce, la *Joliette* eut maille à partir avec un navire anglais, le *Corisko*, de la *Britisch African Company*, navire qui, sous les prétextes les plus futiles, faisait mine de lui barrer le passage. Au sommet du delta, non loin d'Abo, il lui fallut faire le coup de feu avec des pirates, de braves pirates... à la solde de S. M. la reine du Royaume-Uni. Plus loin, la population d'Onitsha — résidence d'un missionnaire anglais — l'empêcha de faire de l'eau. A Iddah, enfin, un autre navire anglais, l'*Allen*, de l'*African steamship Company*, feignit de la prendre pour un négrier.

Or nos voisins d'outre-Manche ne plaisantent pas avec les négociants en bois d'ébène. Prennent-ils un de ces industriels en flagrant délit d'opérations dans les eaux du Niger, ils s'empressent d'en pendre haut et court l'équipage aux vergues du bâtiment.

Quant à la cargaison de chair humaine, dont ils viennent d'opérer la délivrance, ces fervents abolitionistes de la traite la transportent soit à *Freetown*, soit à *Cape-coast-castle*, et là, admis à fouler le sol britannique, les nègres affranchis sont libres !... Oui, mais ils n'ont pas payé leur traversée à bord du navire anglais qui vient de les arracher à l'esclavage et, cette traversée, il n'est que juste qu'ils la payent. Or les braves « Peaux-Noires », qui portent le costume de nos premiers pères, sont incapables d'avoir sur eux le moindre porte-monnaie. Qu'à cela ne tienne ! Pour leur permettre d'éteindre la dette qu'ils ont contractée, on les autorisera à se libérer par voie de main-d'œuvre, à payer de leur travail. Ils sont donc libres, absolument libres... de travailler indéfiniment et sans salaire pour le gouvernement de la Reine.

« O perfide Albion ! » se fussent écriés nos pères.

Après nombre de traverses et de temps d'arrêt forcés, la *Joliette* parvint au mouillage de cette célèbre Loukodja, dont les quais sont bondés de produits des manufactures anglaises : draps, papiers, couteaux et rasoirs, fusils et poudres de traite, etc., etc., s'échangeant contre des chevaux, des ânes et des bestiaux, notamment des moutons; — des bois de chêne, des ivoires, des plumes d'autruche! — de l'indigo, du froment, des poissons secs; — des cuirs, des peaux de léopard ou de lion et mille autres produits du Soudan.

Aussitôt débarqué, le capitaine marseillais alla faire visite au consul d'Angleterre, important fonctionnaire dont la figure ne pouvait être dite celle du premier venu. C'était un homme de haute taille, sec, aux yeux verts parfois étincelants, le plus souvent éteints. Il avait le front découvert, les cheveux rares, la barbe grisonnante. Sa physionomie trahissaït un esprit plein de tenacité en même temps que le travail latent d'une malice savante et toujours en éveil. Mais ce gentleman se piquait, avant tout, d'être absolument correct. Il reçut les voyageurs français en habit d'apparat et le sourire aux lèvres, leur offrit ses services et organisa une petite fête en l'honneur de ces étrangers de distinction (*distinguished foreigners*).

Nos marins marseillais furent donc invités à passer sous un hall où se trouvaient réunies une foule de jolies personnes qui composaient la cour officielle de Sa Grâce l'aimable moitié du consul. Ces vénus noires, qu'on appelle là des *Anglaises*, ont des toilettes assez fraîches, mais non absolument conformes à la dernière mode. Elles portent encore d'immenses crinolines sous des robes d'indienne de tons criards, des chapeaux rouges empanachés de plumes multicolores, des boucles d'oreilles de diamètre invraisemblable, des bottines qui furent neuves jadis, oui, des bottines... mais point de bas. D'aucunes s'habillent d'une manière infiniment plus simple. Le monde de Loukodja n'est point collet monté. Honni soit qui mal y pense!

Présentés à la partie masculine de la « société », nos voyageurs furent frappés du fait de la prodigieuse quantité d'Anglo-Saxons qui ont déjà fait élection de domicile à Loukodja. Le consul fit d'abord défiler devant ses invités les représentants des sociétés de géographie qui étudient le continent noir : l'*African Civilisation Society*, la plus ancienne de toutes; l'*African exploration fund*, placée sous le patronage du prince de Galles, etc.; — puis, les chefs de différentes missions anglicanes : la *Church Society*, la *London Missionary Society* et une foule d'autres institutions analogues, faites pour répandre au loin le renom de puissance de S. M. Britannique.

Au milieu de cette foule d'Anglais et d'*An-*

*glaises* circulaient des rois nègres, des chefs de tribus riveraines, de grands propriétaires, des marchands d'huiles de palme, tout le *high life* des bords du Niger. Ces seigneurs indigènes portent un costume réduit à la plus simple des expressions. Cette simplicité est même, il faut bien le dire, étonnante, mais à Loukodja personne ne s'étonne de rien. Tous ces gentlemen et gentlewomen se connaissaient, confabulaient amicalement, causaient de leurs affaires et lunchaient à qui mieux mieux. Ils lunchèrent même tant et si bien que leur émotion, ne connaissant plus de bornes, eut pour effet final toute la variété des dénouements prévus.

. . . . . . . . . . . . . . . . . . . . . . . .

Le lendemain de ce jour de fête, la *Joliette* appareillait pour entrer dans le Bénoué. Le consul d'Angleterre avait eu la gracieuseté de lui donner un excellent pilote... qui, s'étant un peu grisé la veille au consulat, eut le talent de la faire échouer sur le premier banc de sable de la rive gauche du fleuve.

Le procédé ne manquait pas d'élégance.

. . . . . . . . . . . . . . . . . . . . . . . .

De tout quoi il appert que, bien qu'on ne doive point lui attribuer l'invention du vaudeville, l'Anglais est né malin et que toute tentative de notre part sur le cours du Niger inférieur risque fort d'être infructueuse.

---

Il nous faut donc choisir une autre voie parmi toutes celles qui mènent au Soudan.

Laquelle prendre ?

Il convient tout d'abord de poser ce principe que nous ne saurions établir de base d'opérations sérieuse ailleurs qu'en une région du littoral qui nous appartienne sans conteste, où nous puissions nous dire absolument « chez nous ».

Le principe admis, nous éliminons de suite, en fait de lieux géométriques de points de départ, l'Égypte et la Tripolitaine, la Tunisie et le Maroc, la baie d'Arguin dont nous avons laissé les Anglais s'emparer à notre barbe, Sierra-Leone et toutes les possessions anglaises de la côte de Guinée.

D'où il suit que nous ne pouvons exercer notre choix qu'entre l'Algérie, le Sénégal et le Gabon.

Le Gabon, nous ne le mentionnons ici que pour mémoire; nos arrière-neveux verront le parti qu'il leur sera possible d'en tirer. Pour des raisons d'ordre divers — et que nous nous abstiendrons d'analyser (1) — le Sénégal ne semble pas pouvoir nous donner une base pratiquement admissible. Il nous faut donc conclure au choix de l'Algérie. C'est là et seulement là que se trouve le point de départ d'une solution rationnelle et véritablement nationale du problème à résoudre.

Le chemin de fer transsaharien s'impose et, cela étant, nous sommes tenus d'étudier le Sahara. Jetons donc un coup d'œil sur cette région encore imparfaitement connue.

(1) La moindre critique venant de France ferait trop de plaisir aux Anglais qui, du reste, savent à quoi s'en tenir touchant les inconvénients d'une solution *via* Sénégal. Ces jours derniers, par exemple, un de leurs journaux insérait négligemment cette observation : « *The Senegal not being navigable even for a smallboat...* ».

## X

### Le Sahara

Bien des gens se figurent encore que, par de là les terres cultivées du littoral méditerranéen, on ne trouve plus que le désert absolu, la solitude immense, continue, insondable; que, à part quelques misérables tribus perdues dans l'espace ou bloquées en d'étroites oasis, il n'y a pas, dans cet océan de sables, plus de végétation que de représentants de la famille humaine.

C'est là, il faut le dire, le désert des légendes.

Cette région longtemps mal connue, nos explorateurs l'ont abordée. Or, à mesure qu'ils s'y aventuraient, leur surprise était grande d'en voir les premiers vides qu'ils s'attendaient à rencontrer, reculer, reculer sans cesse; le néant dans lequel ils croyaient tomber, gagner encore, gagner toujours au large. Partout, par intervalles, des tentes, des villes ou des villages... partout le mouvement, l'animation, la vie !...

Les anciens n'ignoraient point que le continent africain comprend d'immenses régions dites désertes (1) mais ils n'avaient que des notions vagues touchant l'étendue et la physionomie de cette portion du globe. La science moderne nous fournit à cet égard d'amples renseignements, frappés au coin d'une précision remarquable.

M. Zittel évalue à onze millions de kilomètres carrés la surface totale du Sahara (2), laquelle serait ainsi plus grande que la surface de l'Europe et égale à la moitié de celle du continent

(1) « ... deserta regio.... intervenientibus desertis... vastœ solitudines... deserta arenis plena... » (Pline, *Hist. nat.* passim.)

(2) Ce n'est qu'en capitulant, en subissant la tyrannie de l'usage que nous écrivons ainsi « le Sahara ». Il faudrait, pour bien faire, dire « la S'ah'râ ». Les philologues ne sont, d'ailleurs, pas d'accord touchant l'étymologie de ce nom.

Au point de vue des conditions d'habitabilité, les Arabes, partagent le désert en trois régions distinctes qu'ils appellent *Fiafi*, *Kifar*, *Falat*. « Fiafi », c'est l'oasis où la vie

africain. Plus modeste en ses appréciations, M. Reclus borne à six millions deux cent mille kilomètres l'évaluation de la superficie du désert, mais de ce désert il retranche les parties arides du Fezzan, de la Tunisie, de l'Algérie, du Maroc, ainsi que les steppes longeant les régions fertiles de l'Afrique septentrionale. Ainsi réduit, le Sahara mesure, suivant l'auteur : du nord au sud, 1,500 ; de l'est à l'ouest, 5,000 kilomètres. Dans ces conditions, il se trouve encore plus grand que le quart du continent africain et que la moitié de l'Europe.

Considéré au point de vue de sa configuration générale, le Sahara affecte la forme d'une calotte sphérique dont la hauteur ou bombement n'est

s'est concentrée à l'entour des sources d'eau vive et des puits, sous des palmiers mettant des arbres fruitiers à l'abri du soleil et de ce vent empoisonné qu'on appelle le simoun. « Kifar » c'est la plaine sablonneuse et vide, mais qui, momentanément fécondée par les pluies hibernales, se couvre de végétation, se transforme un instant en prairies où les tribus nomades, campées d'ordinaire autour des oasis, vont un temps paître leurs troupeaux. « Falat », enfin, c'est l'immensité stérile et nue, la mer de sable dont les vagues, aujourd'hui soulevées par le simoun, seront demain immobilisées. C'est l'océan que sillonnent lentement ces flottes qui portent le nom de caravanes.

pas considérable. Son altitude moyenne est de 300 à 400 mètres et nous devons de suite observer qu'il comprend, surtout dans le voisinage de la Méditerranée, de vastes espaces qui se développent au-dessous du niveau de la mer (1).

La monotonie de ses plaines est, çà et là, rompue par l'accident de nombre d'oasis et de quelques massifs montagneux.

Au dire de Strabon, Cn. Pison comparait le désert à une peau de léopard; un autre géographe l'assimilait à un océan semé d'îles. Les comparaisons sont assez exactes. Groupées, dans le nord du Sahara, en archipels très denses (2), les oasis — ces îles verdoyantes — ne sont plus, au sud du 29me degré, que des points perdus dans l'espace et finissent par disparaître tout à fait jusqu'aux abords du Soudan.

(1) C'est ainsi que l'oasis de Syouah — dite autrefois de Jupiter Ammon, — se trouve à 27 mètres au-dessous de la Méditerranée.

(2) Le plus important de ces archipels du nord est le *Touat* que nous devrons étudier ci-après en tous détails. Politiquement, c'est une confédération indépendante de trois à quatre cents villes ou villages dont le territoire total mesure trois cents kilomètres du nord au sud; et cent soixante, de l'est à l'ouest.

Les massifs montagneux — dont les plus importants sont le *Tibesti* (*mons Girgiri* des anciens) et l'*Ahaggar* (*mons Ousargala*) — n'occupent guère ensemble qu'une superficie de 200,000 kilomètres carrés, soit à peu près un trentième de la superficie totale.

Pour ce qui est en particulier du Sahara algérien, « les montagnes, observait le général Daumas, sont toujours parallèles à la mer. Élevées, rocheuses, dans la zone nord, mouvementées à l'est, elles s'abaissent graduellement en courant à l'ouest et finissent par se fondre en une série de mamelons et de dunes mouvantes que les Arabes appellent *a'rouk'* (veines) ou *chebka* (filet), selon que le système en est simple ou composé. Presque toutes sont abruptes sur le versant qui fait face au Tell ; du côté du sud, toutes — après plus ou moins de convulsions — vont mourir de langueur dans les sables. »

Quant aux modelés du terrain, ils sont de trois types essentiellement distincts : le désert à plateaux ; — le désert d'érosion ; — le désert sablonneux.

---

Le plateau désertique — que les Arabes appellent *hammada* ; et les Berbères, *tasili* ou *tanez-*

*rouft* — se développe ordinairement à l'altitude de 1,500 à 2,000 mètres. Le sol en est généralement calcaire et absolument anhydre. Fendues, lézardées, faillées, taillées à pic, ses parois affectent des formes souvent bizarres et prennent même parfois des aspects fantastiques, dont les arrachements et les dentelures proviennent d'un phénomène de lente décomposition des roches. Les plateaux de ce genre n'occupent pas, au Sahara, moins de cinq millions de kilomètres carrés.

A ce type se rattachent, jusqu'à certain point, d'autres plateaux dits *gours*. La *gâra* (singulier de gour), est un squelette de terrasse; c'est le *témoin* rocheux d'un terrain solide qui, ayant cédé à la puissance des agents atmosphériques, a disparu... ne laissant là que sa charpente osseuse pour tout vestige de ses massifs anéantis.

---

On rencontre, enfin, au Sahara, de grands dépôts de chlorure de sodium natif, dépôts dits, le plus souvent, *rochers de sel*. Les carrières salines les plus importantes sont celles de Bilma, d'Amadr'or et de Taodeni.

Le désert d'érosion, que les Arabes appellent *chot't'* (au pluriel *cht'out'*), est un bassin lacustre, une excavation à fond de sable et bords rocailleux. La *sebkha* est un lac salé.

---

Le désert sablonneux — dit par les Arabes *a'reug* (1); et par les Berbères, *iguidi* — est formé de dépôts de sables quartzeux mélangés de gypse, de teinte jaune clair et condensés par rangées de buttes de 50 à 150 mètres de hauteur, — rangées que les Arabes comparent aux lames de la mer et nomment, en conséquence, des *siouf* (pluriel de *sif*).

Quelle est l'origine de ces dunes qui ont ainsi déferlé, l'une après l'autre, à travers le Sahara? On a exprimé l'idée qu'elles provenaient des sables arrachés aux flancs des plateaux dont les *gour* sont les restes ou « témoins ». Cette hypothèse nous semble inadmissible, attendu que

---

(1) Le mot *a'reug* s'applique à une collection de dunes, au pays des dunes en général. Mais les Arabes sahariens ont toute une nomenclature qui leur sert à distinguer les divers mouvements du terrain sablonneux. Dans ce vocabulaire spécial *arga* (singulier d'*a'reug*) est la petite dun fixe; — *armalh*, la petite dune mobile; — *ghourd*, la dune isolée en forme de mamelon conique; — *slassel*, la chaine de dunes; — *gassi*, la plate-bande comprise entre deux chaines de dunes; — *nebka*, la zone de sables demi meubles, etc., etc.

des sables à peu près exclusivement quartzeux, et assez semblables à ceux des grès nubiens, ne sauraient être pris pour une poussière des roches calcaires et marneuses dont se composent les « gour ». Ce qu'il y a de certain, c'est que ces formations arénacées n'ont pas été déposées par l'eau de mer, car elles ne renferment aucune trace de restes d'animaux marins.

Il est incontestable que, à part un très petit nombre de points, la mer n'a pas envahi le Sahara depuis l'époque tertiaire inférieure. Le désert était déjà constitué en continent alors que nombre de régions de l'Europe, notamment la Lombardie et le midi de la France, étaient encore noyées sous les eaux. Depuis l'époque de son émersion, ce continent africain a été semé de quantité de bassins lacustres. On trouve dans ces cuvettes bien des familles de fossiles d'eau douce, mais nous le répétons, aucun vestige d'organismes marins.

---

Des massifs orographiques du Sahara descendent, en la saison des pluies, d'innombrables cours d'eau dont les lits, desséchés au premier rayon de soleil, usurpent huit mois de l'année le nom d'*ouâd* (rivière). L'hiver, c'est un réseau de torrents; l'été, c'est un système de ravins. Encaissés entre des montagnes parallèles à la mer, tous ces *ouîdân* (pluriel d'*ouâd*) — à peu d'exceptions près — coulent du nord au sud et vont se perdre dans les sables sous lesquels ils poursuivent leur cours.

Les anciens n'ignoraient point la présence de ces eaux souterraines que les Arabes désignent sous la dénomination générique de *Bahr-el-Tahatani*. Ils savaient que, au-dessous des sables du lit des rivières desséchées, l'eau vive se trouve à peu de profondeur (1). Bien plus, ils étaient, comme nous, habiles à faire des puits artésiens. « On creuse, dit Olympiodore (2), on « creuse dans les oasis du Sahara, à une pro- « fondeur de 200 et même 500 palmes (de 30 à « 80 mètres) d'où l'eau s'élance et déborde. »

Nos forages modernes n'ont fait que confirmer la réalité de ces nappes d'eau douce sous-jacente. La sonde qui descend à 75 mètres ramène du sous-sol des poissons, des crustacés, des coquillages lacustres, et les ramène vivants. Le

(1) « ...quaquaversus arenis circumdati puteos tamen haud difficiles binum fermo cubitorum inveniunt altitudine. » (Pline, *Hist. nat.* V, v.)

(2) Ap. Photius.

travail de l'homme peut donc méthodiquement doter les régions sahariennes de sources artificielles; rendre florissantes des plaines actuellement inhabitables; restituer la vie au cœur d'un pays tombé, faute d'aliments aqueux, à l'état de cadavre et qui porte le triste nom de *blâd el a't'euch* (pays de la soif.)

En attendant que la résurrection s'opère, les Sahariens sont, comme au temps du géographe Ptolémée, contraints et forcés de se soumettre aux obligations résultant de la nature des lieux; de combiner leurs mouvements; de diriger l'itinéraire qu'ils veulent mener à bonne fin en conformité des ressources en eau du pays à parcourir. Ils sont tenus de savoir où se trouve, sur le chemin qu'ils ont à suivre, le plus petit ruisseau, la moindre source, le plus mince filet ou suintement humide; d'avoir gravée en leur boîte crânienne, surchauffée par les rayons solaires, la carte exacte des mares ou réservoirs d'eau pluviale et des puits auxquels peut s'abreuver le voyageur. Qu'ils négligent de se plier aux exigences du désert, qu'ils omettent une fois d'obéir aux lois de l'expérience et les voilà pris par la mort!... la mort la plus horrible qui se puisse concevoir.

De là, comme pour les sables, toute une

nomenclature, un catalogue raisonné de toutes les circonstances hydrographiques d'un pays desséché sous le souffle des vents brûlants (1).

Bien que modeste, la flore du Sahara n'est point nulle, comme on pourrait le croire. Les bords des *ch'tout'* sont complantés d'*ârîch* (tamarix saharien) et de *rtem* (genêt saharien); ceux des *d'aïat*, de *bt'oum* (térébinthes) et de *sedras*

(1) *Feggar* est, en arabe, le nom de la rivière à sec pendant l'été et qui devient torrent en la saison des pluies; dont le lit de sable repose sur un fond de glaise et dans lequel, en creusant, on trouve l'eau à peu de profondeur.

Le *r'dir* (au pluriel *r'dâïr*) est un bassin naturel ouvert dans une vallée ou le lit d'une rivière et qui conserve, parfois toute l'année, un peu d'eau pluviale. La *d'àià* (au pluriel *d'aïat*) est un bas-fonds, une cuvette qui garde, en toute saison, un peu d'humidité et se transforme en lac pendant trois mois de l'année. La *guilta* est une mare, une flaque d'eau potable alimentée soit par une source, soit par le débordement hibernal d'un cours d'eau.

Les Arabes appellent *h'âci* le puits non maçonné; — *bir*, le puits maçonné; — *o'gla*, une réunion ou système de puits; — *feggara*, le canal souterrain mettant plusieurs puits en communication.

En berbère, le puits se dit *anou*; — le petit puits donnant peu d'eau, *massin*. Dans le même idiome, *tanout* signifie petit puits; *tanit*, petite source.

Dans toutes les directions, sur tous les chemins de caravane, il y a des puits échelonnés à plus ou moins grands intervalles. Il est rare que le voyageur fasse trois jours de marche sans en trouver un.

(jujubiers sauvages) (1) ; ceux des *sebkhas*, enfin, de *guet'af* (2). Çà et là se rencontrent quelques arbustes résineux, tels que l'*a'rfâdj*, l'*âlenda*, l'*acerr'ia* — que les femmes brûlent pour se parfumer — l'*a'r'âr* (thuya), l'*azir*, le *mesteba* (gommier saharien), la *t'âgga* (genévrier), etc.

Les plantes fourragères ne manquent point au Sahara. On y trouve l'*a'cheb*, la *sefsfa*, la *sen'ra*, le *drîn* (3), l'*alfa* (4), le *chih'* (5), l'*alâlâ* (6), la *doun*, etc., et quantité de plantes diverses comme

(1) Le *sedra*, dont le nom scientifique est *zyzyphus lotus*, a reçu de nos soldats le surnom expressif de *capotarum dechirator*. Son fruit, dit *nebeq*, est comestible. Ses branches se couvrent, en la saison des pluies, de myriades de petits escargots qu'on fait tomber tout cuits, en mettant le feu à l'arbuste.

(2) Arbrisseau à feuillage glauque argenté, fort apprécié des chameaux.

(3) Plante fourragère de la région des sables, analogue à notre avoine. Les Arabes en pilent la graine dont ils font une espèce de farine.

(4) L'alfa — ou mieux la *h'alfa* — dont on connait les multiples usages industriels, s'emploie aussi au Sahara à titre de fourrage pour les chevaux et mulets. Chaque système de touffes d'alfa affecte la forme d'une corbeille circulaire — dispositif ayant pour effet de fatiguer le voyageur à la marche duquel mille détours s'imposent du fait de ces obstacles de verdure.

(5) Espèce d'absinthe qui pousse dans les terrains arides. L'odeur en est violente. Cette plante se garnit d'une espèce de feutre dont on se sert en guise d'amadou.

(6) Analogue au *chih'*, mais de teinte moins foncée.

l'*h'allat*, le *mlh'afet el khadem*, dit « voile de la négresse », le *d'omrân*, le *bâguel*, la *djefna*, le *rguîg*, le *mince* (ainsi nommé à raison de la finesse de ses tiges), la *zeïta*, le *kerendel*, le *remtz*, le *merkh*, l'*âzel*, le *hâdem*, le *h'âdz*, etc. Ceux de ces végétaux qui sont dénués de propriétés nutritives s'utilisent à titre de bois (!) de chauffage.

En fait de comestibles, citons la *terfâs*, espèce de truffe blanche qui pousse dans les terrains sablonneux, la datte — qui constitue la richesse du saharien des *qs'our*, son principal moyen d'échange, sa nourriture à peu près exclusive — et le produit des arbres fruitiers de toute espèce qui poussent, abrités du soleil, sous les panaches de la *nakhla* (dattier) (1).

(1) Le palmier-dattier ne commence à donner des fruits que vers la sixième année qui suit celle de sa plantation, et n'atteint tout son développement qu'à l'âge de trente ans. Il porte alors de huit à dix *a'radjen* (régimes), pesant chacun de quatre à cinq kilogrammes. Sa durée peut se prolonger au delà de deux cents ans, mais on ne lui en laisse guère dépasser quatre-vingts.

La « nakhla » est pour les populations sahariennes l'arbre par excellence, l'arbre sacré qui, selon les légendes arabes, aurait été façonné par Dieu des restes du limon dont il avait fait l'homme. Ce culte est mérité si, comme le veut une chanson persane que mentionne Strabon, le palmier peut comporter trois cent soixante usages différents.

L'imagination des anciens avait peuplé les déserts de l'Afrique d'une faune effroyable : lions, tigres, éléphants (1), rhinocéros, crocodiles, serpents, minotaures, dragons et monstres de toute espèce. Aujourd'hui encore, les poètes ne se font pas faute de loger dans le Sahara quantité de chakals, d'hyènes, de panthères et de lions, surtout de lions. Pas plus tard qu'hier, un écrivain de talent y installait avec conviction son « Roi des sables » :

Loin, loin, toujours plus loin, la mer morte des sables
S'étalait sans limite et rien ne remuait...
. . . . . . . . . . . . . . . . . . . . . .
Seul, un lion vivait dans cette solitude.
Sur ce grand tapis d'or il vautrait son corps roux.
Comme du désert morne il avait l'habitude,
Sous le ciel sans clémence il rêvait sans courroux...
. . . . . . . . . . . . . . . . . . . . . .

Et, après un tableau réussi des horreurs du désert, le poète ajoutait :

Il a vu tout cela, lui, le vieux lion fauve
Il a vu tout cela... pourtant, il n'a pas fui.
Ce pays de la soif, cette plaine âpre et chauve,
Ce cimetière en feu, c'est sa patrie à lui.
. . . . . . . . . . . . . . . . . . . . .

Eh bien ! non, ce n'est pas sa patrie. Là où il

(1) On sait que les Romains symbolisaient l'Afrique sous la figure d'un éléphant ou, plus exactement, d'une femme coiffée d'une sorte de casque agrémenté de la trompe

n'y a ni arbres, ni fourrés, ni eau il n'y a point de carnassiers. En particulier, le lion n'habite que les pays boisés du Tell et ceux du nord des Hauts-Plateaux où il trouve sa nourriture. Ses proies, il faut qu'il aille les manger au bord d'une source ou d'une rivière, car il est obligé de boire souvent pendant ses repas. Dénudé, desséché, sans ressources, le Sahara ne saurait nourrir de félins, d'où il suit que le public doit, bon gré mal gré, faire son deuil de ce « lion du désert » dont ont tant abusé les romanciers et les poètes.

Il est néanmoins une faune saharienne, faune toute particulière comprenant des mammifères, des oiseaux, des reptiles et des insectes qui ne se rencontrent guère ailleurs qu'en ces latitudes.

Les principaux mammifères sont : le chien *slouguî* (au pluriel *slâg*) employé aux grandes chasses du désert ; — la gazelle vulgaire (*r'ezal*) et la gazelle *sin*; — le lièvre (*arneb*) de petite espèce ; — l'antilope ou bœuf sauvage (*begueur el ouh'ach*); — la gerboise (*djerboua*); — le mouton

et des oreilles du pachyderme. C'est au moyen âge, au cours du septième siècle que se rapporte la disparition de l'éléphant, vraisemblablement due à d'importantes modifications de l'état climatologique de l'Afrique septentrionale.

ordinaire à laine et le mouton à poils ras (*ademan*); — un herbivore que les Arabes appellent *aroui* et en lequel on croit reconnaître le *tragelaphus* de Pline; — le mulot vivant par myriades en des galeries souterraines dites *oumm el fîran* (villes de souris); — l'âne, le chameau vulgaire et le *mehârî* (1).

Oiseaux : l'autruche, le faucon, dit par les Sahariens l' « oiseau de race » (*tîr el h'eurr*) et le *bou djerada*, espèce de corbeau, grand mangeur de sauterelles, etc.

Reptiles : la *lefa'a* (vipère à cornes) et le *d'eb*, grand lézard de cinquante centimètres de long (queue non comprise) et dont la chair délicate est fort appréciée, etc.

Insectes : la sauterelle (*djerâd*), un coléoptère dit *mélasome* et le *goliath* exceptés, point de *khénafous* (scarabées) dans le Sahara.

---

Incontestablement, la région saharienne était, aux premiers âges du monde, un vaste habitat anthropique. Sur de grandes étendues de sa

(1) Antérieurement à l'ère chrétienne, le chameau était presque inconnu en Afrique. Il n'y a été importé que vers le IVe siècle, et l'usage ne s'en est répandu qu'au VIIe, à l'époque de l'invasion arabe.

surface aujourd'hui déserte, se trouvent, en effet, dispersés d'innombrables silex travaillés de main d'homme. De Biskra à Ouargla, par exemple, on rencontre d'immenses quantités de flèches en pierre polie et, dans les parages de l'o'gla-el-kassi, ces débris sont recouverts d'une croûte de sulfate de chaux de $0^{m},32$ d'épaisseur. De tels fragments revêtus d'incrustations de gypse constituent vraisemblablement les plus anciens témoins de l'industrie humaine; d'un temps antérieur, peut-être, à l'expédition symbolique de Persée contre les Gorgones.

Quant aux plus anciennes traditions historiques qui nous soient parvenues, elles sont tirées des Livres puniques de la bibliothèque d'Hiempsal, petit fils de Massinissa. « L'Afrique, dit Salluste, qui avait eu l'occasion d'entendre commenter ces ouvrages, « l'Afrique fut d'abord « habitée par des Gétules et des Libyens, « peuples farouches, grossiers, qui se nourris- « saient de la chair des animaux sauvages et, « comme les troupeaux, broutaient l'herbe des « champs. »

Or les Libyens sont, suivant la Bible, des descendants de Laabim, un petit-fils de Cham qui, à l'aurore des temps historiques, se répandent sur le sol africain, tandis que leurs germains, fils de Chanaan, fils de Cham, couvrent les rivages de la Syrie. Ces Chamites — ou mieux Hamites — de Libye, considérés comme autochtones par les Phéniciens et les Carthaginois, ont été, comme les peuples de toute race, appelés à subir plus d'un croisement. Ils ont souvent ouvert leurs veines à l'infusion du sang sémitique ; ils y ont laissé couler à flots le sang indo-européen ; enfin, de nouveaux courants hamitiques sont venus, par intervalles, rafraîchir leur sève originaire.

C'est ainsi qu'une invasion de Chananéens en Afrique est, au xve siècle avant notre ère, une conséquence des conquêtes de Josué. On y voit ensuite immigrer des Sabéens, des Amalécites, des Philistins, des Juifs. Ces populations diverses, mélangées aux Libyens dits aborigènes, auraient, suivant les historiens arabes, formé la souche des Gétules.

Ainsi que les conquêtes de Josué, les exploits du melkarth ou hercule phénicien ont modifié profondément les conditions ethnographiques de l'avant-scène du continent africain. « Après « la mort d'Hercule, dit encore Salluste, son « armée, composée de nations diverses, sans

« chef, en proie à des ambitieux qui s'en dispu-
« taient le commandement, ne tarda pas à se
« débander; une partie passa d'Espagne en
« Afrique. C'étaient des Mèdes et des Armé-
« niens, qui s'établirent sur le littoral de la
« Méditerranée, des Perses qui s'approchèrent
« de l'Océan. Ceux-ci se mêlèrent peu à peu aux
« Gétules par des mariages et, comme le besoin
« de chercher de nouveaux pâturages les obli-
« geait à de fréquentes migrations, ils se don-
« nèrent à eux-mêmes le nom de Nomades ou
« *Numides*. Quant aux Mèdes et aux Arméniens,
« ils s'unirent aux Libyens qui, peu à peu, leur
« donnèrent par corruption le nom de Maures. »

Les éléments introduits par l'hercule de Tyr étaient, pour la plupart, indo-européens. Unis aux éléments hamitiques et sémitiques qui les avaient précédés en Libye, ils formèrent une nation puissante qui ne craignit point de tenir tête à l'Égypte. L'histoire de l'énergique résistance que ce peuple sut opposer à Sésostris est gravée, depuis trente siècles, sur la muraille du temple de Karnak (1).

(1) Cette formation ethnographique, que les monuments égyptiens désignent sous le nom de *Tamehou*, est celle des *Maxyes* d'Hérodote, des *Massyles* ou *Massyliens* de Vir-

En résumé, en fait de gens de race blanche, l'Afrique a pour premiers occupants des Hamites, dits Libyens. Ce peuplement est d'abord modifié par des migrations chananéennes et sémitiques qui commencent au temps de Josué, et l'on assiste à la formation des nations gétules (*eg-toula*). Il subit, en second lieu, des altérations plus profondes du fait de l'invasion des Indo-Européens compagnons de l'hercule de Tyr et l'on voit, à la suite des Libyens primitifs, se dessiner les groupes des Numides et des Maures. Ces trois nations occupent le littoral; les Gétules, relégués au second plan, ont pour patrie l'immensité des solitudes sahariennes. Au sud des Gétules « sont les Éthiopiens et, plus au sud encore, des régions brûlées par les feux du soleil. »

Tels étaient, au temps de Salluste, les faits acquis à la science ethnologique.

Ultérieurement, Strabon expose que les populations africaines sont des agglomérations assez

gile, des *Maxitains* de Justin, des *Maziques* du commentateur Eustathe. Ce peuple « mazique » ou, plus exactement, *amazir'*, est celui qu'on appelle aujourd'hui berbère et auquel appartiennent nos Kabyles et Touareg.

confuses et, pour la plupart, inconnues (1). Pline nous donne, en revanche, une longue nomenclature de peuples. Il observe que, entre la Gétulie et la Nigritie, vivent des gens de race blanche qu'il appelle *Leucéthiopiens* (2). Il ajoute que de ces populations africaines les unes vivent sous la tente ; les autres habitent des villes ou villages fortifiés (3).

De l'antiquité jusqu'à nos jours, l'Afrique a subi bien des perturbations politiques, bien des dominations différentes. Après les Carthaginois sont venus les Romains ; après les Romains, les Vandales ; puis, successivement, les Byzantins, les Arabes, les Turcs. Or, à la suite de chaque commotion, le vaincu, refoulé par la race conquérante, se jetait dans le Sahara et apportait de

(1)... νέμεται δ' ἔθνη τὴν Λιβύην τὰ πλεῖστα ἄγνωστα (Strabon, *prolegom*).

(2) « Interiori autem ambitu Africæ ad meridiem versus, superque Gœtulos, intervenientibus desertis.. Leucœthiopes. Super eos gentes Nigritæ ». — Ces Éthiopiens blancs, habitant par delà le Sahara et en deçà du pays des nègres, sont ceux que nous appelons aujourd'hui « Touareg du Sud ».

(3) «... In tabernaculis viventes.. — ...castella ferme inhabitant... oppidorum nomina... » — Les choses se passent encore aujourd'hui de même qu'au temps de Pline. Nos populations sahariennes se distinguent en nomades et habitants de « qs'our » (*castella*, *oppida*).

nouvelles modifications à l'état ethnographique de la région désertique (1).

En somme, des Arabes, des Berbères — Kabyles ou Touareg — et des nègres, tels sont aujourd'hui les habitants du Sahara. C'est une population de moins de trois millions d'âmes (2), numériquement inférieure, par conséquent, à la population de Londres et qui occupe un territoire dont la surface est plus grande que la moitié de celle de l'Europe. Elle n'en est pas moin intéressante à étudier.

C'est ce que nous aurons l'occasion de faire en discutant les conditions d'établissement de notre chemin de fer transsaharien.

(1) Il faut observer que les Arabes du VIIe siècle ne se sont mélangés que très exceptionnellement aux Berbères vaincus. Les deux races se sont juxtaposées et non fondues. Elles demeurent très distinctes l'une de l'autre.

(2) Un million et demi seulement, suivant l'appréciation de M. Soleillet.

## XI

### Projets de Lignes transsahariennes.

Donc, pour aller au Soudan, nous devons partir de l'Algérie et traverser ce Sahara, sur lequel nous venons de jeter un coup d'œil rapide ; donc il nous faut construire un chemin de fer transsaharien.

Quel sera le tracé de cette voie ferrée? Quel point de l'Algérie convient-il de prendre pour tête de ligne? Telles sont les premières questions qui se posent.

La *Commission supérieure* de 1879 avait ordonné qu'il fût procédé aux études dans trois directions différentes, ayant pour amorces : la première, à l'est, la frontière tunisienne; — la deuxième, au centre de l'Algérie, le méridien d'Alger; — la troisième, à l'ouest, la frontière marocaine. Respectivement désignées sous les noms de tracé *oriental*, tracé *central* et tracé *occidental*, ces trois lignes avaient été indiquées par M. Duponchel.

De Biskra, dûment reliée aux ports d'Alger, de Bougie et de Philippeville, cet ingénieur émérite menait son tracé oriental par Tougourt, Ouargla, la vallée de l'ouâd Mîia et In-Sâlaḥ. Son tracé central, partant d'Alger, passait par Blîdah, Médéah, Berrouaghia, Boghar, Laghouat, le Mzab, El Goléa, l'Aouguerout et le Touat. Son tracé occidental, enfin, s'embranchait sur le précédent au sud de Boghar, contournait le nord-ouest du *Chot't'-ech-Chergui*, coupait le territoire des Oulâd Sidi Cheikh et gagnait également le Touat par la vallée de l'ouâd Messaouda. Les trois tracés concouraient en un point sis dans le sud du Touat, aux environs d'Aqâbli et, de là, se dirigeaient, à travers le Tanezrouft, sur Bamba, centre de population des rives du Niger, à l'est de Tombouctou.

La Commission supérieure introduisit une variante dans le projet oriental de M. Duponchel. Elle recommanda spécialement à l'attention des explorateurs marchant au sud d'Ouargla l'étude de la route du « gassi » (1) de l'ouâd Igharghar, se prolongeant par Temassanin, le lac Iskaouen, la plaine d'Amad'ror, Timissao (2), Tademekka (3) et aboutissant à Bamba.

Concurremment, la Commission indiquait une autre variante orientale bifurquant avec la première à hauteur du lac Iskaouen, et se dirigeant de là vers le lac Tchad par la sebkha d'Amadr'or, Masarraba (4) et Agadès (5).

(1) Large bande en ligne droite entre deux chaines de dunes se prolongeant en terrain ferme, sans pierres ni gravier.

(2) Auprès du puits de Timissao se trouve une éminence rocheuse en forme de château-fort et célèbre du fait de la légende d'une empreinte attribuée au pied du cheval de Moïse. Ces rochers portent aussi des inscriptions qui se rapportent au temps de la conquête arabe.

(3) Tademekka (ville semblable à la Mecque) est, dit El Bekri, mieux bâtie que Ghana (Kano) et Kaoukaou (Koukaoua). Les habitants en sont berbères et musulmans. Sise à neuf jours de marche au nord du coude oriental du Niger, Tademekka, depuis longtemps ruinée, n'était pas loin de la vallée de l'ouâd Ter'azert. Barth croit avoir retrouvé à Es-Souk l'emplacement de cette ancienne capitale des Touareg.

(4) Point situé à mi-chemin de R'ât aux premiers contreforts des montagnes de l'Aïr. La station se reconnait à l'aspect d'un entassement d'immenses blocs aux parois verticales, accompagnés de pitons styliformes qui semblent tenir auprès d'eux un rôle de satellites. Saisi d'une sorte de terreur religieuse, chaque passant a coutume de jeter sa pierre au pied de ces colosses de granit qui pointent vers le zénith à la façon de nos *men-hir* de Bretagne.

(5) Capitale de l'Aïr (ou Asben), Agadès a été fondée par

Elle faisait, de plus, mention des itinéraires Duveyrier (1859) et de Galiffet (1873), utilisables à titre de traverses pouvant relier les tracés oriental et central. Elle rappelait enfin que la vallée de l'ouâd Guir offre le moyen d'aller de Mascara au Touat.

En soumettant ces différents tracés à la critique d'une analyse impartiale, nous devrons nous interdire de traiter aucune « question de clocher », de prendre en considération aucune émission de vœux particularistes. Nous dirons donc, avec notre ami le général Colonieu : « Ne tenons compte d'aucun égoïsme de province, d'aucune ambition de région. Ne songeons qu'à l'intérêt général algérien, c'est-à-dire aux intérêts français. N'ayons d'autre parti-pris que celui de la grandeur de l'œuvre à entreprendre et à mener à bonne fin. »

---

des Berbères vers l'an 1460. C'est une colonie mixte de gens du Gourara, du Tafimata, de R'damès et d'Augila, un entrepôt des marchandises que ces oasis échangent contre celles des pays nègres.

Agadès a été assiégée et prise par Askia, sultan des So-nraï, en 1515, l'année même où notre François Ier gagnait la bataille de Marignan.

L'adoption du tracé oriental a été vivement préconisée par M. Duveyrier qui trouve Ouargla (1) admirablement placée pour rivaliser avec les marchés de Tanger et de Tripoli.

Comme on le verra tout à l'heure, les splendeurs d'autrefois sont aujourd'hui bien éclipsées. Se ralliant à l'une des variantes du projet Duponchel, l'éminent voyageur insistait pour que le tracé passât par Amadr'or, point important, jadis lieu de rendez-vous des caravanes de Tunisie, d'Algérie, de l'Aïr et des États Haoussaoua. Cette foire d'Amadr'or, exposait-il, a cessé de se tenir par suite d'une révolution survenue chez les Touareg et à raison des exactions du gouvernement turc,

(1) « Ouargla, dit le colonel Trumelet (*Les Français dans le désert*.—Paris, Garnier, 1863), a la prétention de se croire la plus ancienne ville du désert. Elle le dit à qui veut l'entendre, et la plupart de ses légendes tendent à prouver qu'elle a trouvé ses langes dans le palais d'un roi illustre par sa sagesse, la sûreté de ses jugements et sa magnificence. — Suivant un vieux *t'âleb* (lettré), hardi *traditionniste*, le fondateur d'Ouargla ne serait rien moins que le grand Slimân (Salomon). »

Sans remonter aussi haut dans la nuit des âges, on ne peut s'empêcher de remarquer la curieuse paronymie de ce *qs'eur* avec le *mons Ousargala* des Tables de Ptolémée. Henri Barth, qui a recueilli dans le pays des documents précieux, dit que ce centre de population était des plus florissants au IX$^{e}$ siècle de notre ère. Ce qu'il y a de certain, c'est qu'il figure à titre de point important sur la carte d'Afrique de l'atlas d'Ortelius (XVI$^{e}$ siècle).

mais il est possible de le rétablir. Le sel est une monnaie au pays des nègres ; les salines du désert sont les clés du Soudan. Les Maures ont, de tout temps, dominé Tombouctou moyennant leur monopole du sel de Taodeni ; les Touareg l'ont tenu à merci avec le sel de la sebkha d'Amadr'or, comme R'ât tient aujourd'hui les États riverains du Tchad avec la saline de Bilma. Toute notre politique doit tendre à un prompt acheminement vers Bilma et Amadr'or.

Cette voie *Ouargla-Amadr'or-Agadès* met Alger à moins de trois mille kilomètres des principaux marchés du Soudan (1). C'est l'artère principale d'un commerce auquel prendront part des populations dont le chiffre peut s'évaluer à dix-sept ou dix-huit millions d'âmes (2).

---

(1) M. Duveyrier calculait comme il suit les distances *via Ouargla-Amadr'or-Agadès* :

| | | |
|---|---|---|
| D'Alger au marché de Sinder | 2.800 kilomètres |
| — — Kano | 2.910 — |
| — — Kastena | 2.870 — |

(2) Voici le tableau que donnait, à ce propos, M. Duveyrier :

| | |
|---|---|
| Les deux tiers des habitants de l'Algérie et de la Tunisie | 3.000.000 âmes |
| La moitié des Touareg *Azdjer* | 6.000 » |
| La moitié des Touareg *Ahaggar* | 7.000 » |
| Les Touareg *Kel-Oui* de l'Aïr | 58.800 » |
| Les sujets de l'empire Sokoto (moins l'Adamaoua) | 9.000.000 » |
| Les gens du Bornou | 5.000.000 » |
| Ensemble | 17.071.800 âmes |

A cela le général de Colomb objectait : « Comment se fait-il que les Touareg ne l'aient pas eux-mêmes rétablie, cette fameuse foire d'Amadr'or ? »

« Si elle a disparu, appuyait le général Colonieu, c'est que cette disparition est due à des causes contre l'effet desquelles il est impossible de réagir. Comment réaliser le vœu de M. Duveyrier ? Un grand marché ne s'improvise pas, ne se décrète pas ainsi au Sahara. L'idée du rétablissement de la foire d'Amadr'or est absolument chimérique. »

Passant à l'examen de l'économie générale du tracé oriental :

« Les premières sections, ajoutait Colonieu, s'en trouvent placées dans les conditions climatériques les plus mauvaises du monde. Elles coupent, en effet, un pays de bas-fonds pestilentiels, une région ravagée par la mal'aria, un foyer perpétuel de fièvres paludéennes. Tougourt elle-même n'est point salubre. »

A cet égard, un voyageur émérite, M. Soleillet, observait que l'homme de race blanche ne peut vivre au Sahara qu'en des points d'une altitude notable au-dessus de zéro ; que, dans les dépressions du sol et même dans les localités situées à peu de hauteur au-dessus du niveau de la mer, l'homme de race noire peut seul atteindre son développement normal. C'est ainsi que, bien que plusieurs fois conquise par des populations blanches, Ouargla est demeurée ville nègre et que l'on y constate chaque année l'émigration forcée — au moins durant quelques mois — des habitants qui ne sont point de sang noir (1). Même ceux-ci sont souvent obligés de fuir des lieux devenus

(1) Comment, en effet, on se le demande, des Européens pourraient-ils vivre dans un pareil milieu? « L'oasis d'Ouargla, dit encore le colonel Trumelet (*op. cit.*), est située dans un bas-fonds noyé par les eaux pluviales que lui amène de l'ouest l'ouâd Mîia aux cent affluents, grande gouttière qui alimente les fontaines et les puits de cette vaste cuve. Ces eaux, ramenées au niveau du sol par de nombreuses sources, séjournent, faute d'écoulement, autour de l'oasis qu'elles inondent et à laquelle elles forment une ceinture de marécages. Favorables aux irrigations qu'exige la culture des palmiers, ces marais sont, en revanche, cause des fièvres qui sévissent périodiquement sur la population d'Ouargla...

. . . . . . . . . . . . . . . . . . . . . .

« Comme tous les qs'our, elle (la ville) est construite en terre séchée au soleil. Une enceinte en mauvais état, flanquée de tours ébréchées, lui fait un manteau troué dans lequel elle se drape avec toute la fierté d'un hidalgo; un fossé vaseux en baigne le pied...

. . . . . . . . . . . . . . . . . . . . . .

« Ouargla présente l'aspect général des qs'our. Ses rues sont sales et étroites; des maisons ruinées s'abattent sur les voies de communication qu'elles obstruent; des murs lézardés, ébréchés, supportent, on ne sait par quel prodige d'équilibre, des lambeaux de terrasses effondrées. Des dunes de détritus bossuent le sol; des eaux infectes et croupissantes le ravinent.

. . . . . . . . . . . . . . . . . . . . . .

« La population est des plus misérables. Nous ne ren-

absolument inhabitables. Ainsi, lors du retour de la première expédition Flatters, au mois de mai 1880, les fossés de la ville étaient à sec; le typhus ravageait le qs'eur; les habitants avaient dressé leurs tentes aux environs et l'agha s'était installé au sommet du mamelon rocheux de Bâ-Mendil.

Une fois sorti du pays de la mal'aria, le tracé

controns sur notre chemin que des moribonds enroulés dans des bernous en loques et roides de crasse. Ils ne marchent pas... ils se traînent péniblement en réclamant à chaque instant l'appui des murs. Leurs chairs sont flasques et tombantes; leurs yeux, rongés par les ophthalmies. Leurs jambes et leurs bras portent des marques de blessures reçues sur les champs de bataille du vice, de la corruption, de la misère. Quelques-uns de ces malheureux, accroupis le long des murailles, écarquillent, à notre approche, des yeux chassieux et clignotants. Des enfants, affaissés comme un vieux linge le long des murs, sont livrés aux mouches..... qui mangent les yeux de ces malheureux sans force pour s'y opposer.

. . . . . . . . . . . . . . . . . . . .

« Les femmes sont hideuses. La plupart sont noires .... les blanches ont les yeux noyés dans le *keuh'oul;* de grosses nattes de laine noire descendent, en guise de cheveux, le long de leurs joues caves et pâles...

. . . . . . . . . . . . . . . . . . . .

« Ouargla, c'est la vieille *Cour des miracles* avec tout son dégoûtant personnel de malingreux et de crasseuses ribaudes.

« Ce cruel état de misère, cette profonde dégradation physique trouvent leurs causes dans l'anarchie constante à laquelle Ouargla est en proie depuis si longtemps; dans les mœurs dissolues de sa population; dans son excessive malpropreté; dans le manque absolu de moyens curatifs en cas de maladie; dans son existence sédentaire et oisive; dans

oriental Duponchel aboutit à de vastes régions de sables, conduisant elles-mêmes à d'énormes massifs rocheux et sablonneux où les nombreux affluents de l'Ouad Mïïa opposeront à l'ingénieur les difficultés d'un régime inconnu, dû aux orages qui ne cessent de raviner les lieux. D'ailleurs, nuls matériaux de construction dans ce trajet

---

les marécages qui infectent l'oasis d'exhalaisons morbifères; dans la mauvaise qualité des eaux dont l'usage prolongé amène la débilitation, l'amaigrissement et prédispose à l'appauvrissement du sang; dans la nourriture qui se compose des plus mauvaises dattes de la récolte, les bonnes étant réservées pour la vente ou l'échange... Quand les *djerâd* (sauterelles) s'abattent sur le pays, les Ouargliens les récoltent avec soin, les salent, les font sécher et s'en nourrissent avec le plaisir que nous pourrions mettre à manger des crevettes. »

Voilà le tableau vrai du centre de population par lequel on a l'idée de faire passer le tracé dit oriental! Et cet horrible tableau, nous eussions pu l'assombrir encore en empruntant au *Sahara algérien*, du général Daumas, quelques autres détails faits pour soulever le cœur.

Aujourd'hui, nous occupons Ouargla. C'est fort bien, mais nous ne changerons pas, du jour au lendemain, les mœurs de ces acridophages. Nous pouvons bien mettre un peu d'ordre dans leurs affaires; leur faire réparer maisons et mur d'enceinte; leur faire nettoyer et balayer leurs rues; leur donner des médecins; leur conseiller un meilleur régime hygiénique et alimentaire, etc., mais comment modifier la nature de leurs eaux, supprimer les marais qu'engendre l'ouâd Mïïa, changer l'altitude du sol de leur ville?

Ouargla nous semble condamnée à l'insalubrité perpétuelle.

d'un pays désolé après lequel, si l'on poursuit, c'est l'inconnu, le vide!...

En ce qui concerne la variante indiquée par la Commission supérieure, il est hors de doute que, à partir d'Aïn Taïba, point pris sur la limite du parcours de nos tribus algériennes, cette direction tombe, elle aussi, dans le vide et l'inconnu. Que disons-nous? Il est certain qu'elle demeure constamment exposée à des difficultés et dangers de toute sorte, notamment aux attaques de ces Touareg du nord qui ont assassiné Mac-Guire, Joubert (1), Mlle Tinne, le colonel Flatters et tous les compagnons de ces infortunés.

Longeant de trop près la frontière tripolitaine, cette variante est prise en flanc par R'damès (2),

(1) Compagnon de Dourneaux-Duperré, Joubert est le seul Français qui ait opéré sur la foi du traité de R'damès (1862). Cette imprudente confiance lui a coûté la vie.

(2) R'damès, dite la reine du *Blâd el Djerid* (pays de la branche de palmier), est l'ancienne *Cidamus*, qui fut soumise, l'an 19 de notre ère, par les légions de Cornelius Balbus. Explorée, depuis lors, par Léon l'Africain, Lyon, Bonnemain, Duveyrier, Mircher, Largeau, Joubert et Dourneaux-Duperré, la latitude de son site se trouve un peu au sud du parallèle d'El Goléa.

C'est une ville d'un millier de maisons enfermées sous un mur d'enceinte de forme à peu près circulaire et percé de quatre portes. Cette muraille, qui mesure de quatre à cinq mètres de hauteur, est crénelée et munie, çà et là, d'organes de flanquement. Une kasbah (citadelle) appuie

qu'occupe actuellement en permanence une garnison turque, détachée du corps d'armée de Tripoli.

La variante dirigée, par Amadr'or, vers le

---

l'ensemble de ces moyens de défense. Uniformément couvertes en terrasse, toutes les maisons ont des façades étagées en encorbellement, et ces façades se touchent à leur faite de manière à dessiner un berceau continu. Toutes les rues de la ville se trouvent ainsi voûtées; ce sont par conséquent de sombres corridors, des passages intentionnellement obscurs où jamais ne pénètre un rayon de soleil. Après trois heures du soir, on ne saurait s'y aventurer sans lanterne. Par intervalles, toutefois, s'ouvrent quelques évents faits pour laisser passer un peu de lumière et d'air respirable.

R'damès affecte en plan une configuration qui, bien que n'étant pas unique en son genre, porte néanmoins l'empreinte d'un grand cachet d'originalité. Une muraille, dont le chaperon s'élève à hauteur des maisons, coupe diamétralement la ville, de façon à la diviser en deux quartiers absolument distincts et séparés l'un de l'autre. Les habitants de ces cités jumelées ne possèdent, en fait de moyens de communication, que trois petites portes ménagées dans la cloison de séparation. L'organisation de cette barrière « intra muros » provient du fait d'une longue suite de dissensions intestines. Avant l'invention de ce mur, les *R'damsi* (habitants de R'damès) répartis, de longue date, en deux tribus rivales, étaient sujets à des accès de guerre civile intermittente, tant et si bien que les combats et les massacres ne faisaient que décimer la population. C'est en 1765 qu'un pacha de Tripoli, du nom de Ioucef, eut l'idée d'appliquer au mal ce remède en maçonnerie de moellons. Depuis lors, la paix intérieure n'a jamais été troublée. Chaque quartier a son chef, sa coutume, sa mosquée et ses conduites d'eau.

R'damès est une « étoile », un nœud de communications;

Tchad l'est également par R'ât (1), qui s'est laissé traîtreusement imposer, en 1876, le protectorat de la Porte.

On verra ci-après que le tracé oriental, plus

elle sert de tête commune aux routes qui, de ce centre, conduisent à Tougourt, à Tunis, à Tripoli, à R'ât et à In-Sâlah. De là son importance commerciale. C'est l'entrepôt indiqué de la majeure partie des marchandises qui sont convoyées du Soudan à la côte méditerranéenne ou, réciproquement, de cette côte au Niger.

Les *R'damsi* sont presque tous voyageurs et marchands; aussi ne les trouve-t-on chez eux que durant la période des grandes chaleurs. Ils sont, pour la plupart, de sang mêlé; leur langue ne manque pas d'analogie avec celle que parlent les Touareg.

(1) Dès la plus haute antiquité, R'ât était un centre d'affaires commerciales d'importance majeure. C'est l'ancien *oppidum Rapsa* de Pline (*Hist. nat.* V. v.) que la jalousie des Touatia empêche aujourd'hui d'être en relation directe avec le marché de Tombouctou. Ses caravanes sont ainsi forcées de prendre l'interminable route du Touât.

Sise à vingt jours de marche sud-est de R'damès, R'ât est bâtie au pied d'un rocher qui s'avance au milieu de la vallée d'Ighelfannis, laquelle fait suite à la vallée de Tanessof. C'est une petite ville de deux cent cinquante maisons construites en briques crues ou en argile, et ceinte d'une muraille de trois à quatre mètres de hauteur. A l'extérieur s'étendent de belles plantations de palmiers-dattiers et des jardins potagers dans lesquels les habitants cultivent du froment, de l'orge, du blé noir et des arbres fruitiers de toute espèce. Arrosée par des eaux abondantes, qui descendent du flanc nord de la colline voisine, l'oasis mesure environ cinq kilomètres de pourtour.

R'ât a été visitée par Ebn Batouta (XIVe siècle). Oudney (1822), Richardson (1845-46), Barth (1850), Ismaïl Bou-Derba (1858), M. Duveyrier (1860), etc.

long que le central, ne présente d'autre avantage que celui de créer un fâcheux monopole au profit de la province ou département de Constantine (1) et l'on ne s'étonnera point que les délégués du ministre de la guerre aient été unanimes à le repousser.

L'adoption du tracé occidental serait de nature à nous créer de graves difficultés internationales attendu que ledit tracé, suivant l'ouâd Zouzfana, l'ouâd Guir ou l'ouâd Messaoura, se trouverait, pour ainsi dire, jalonné d'oasis marocaines. Nous serions, de ce fait, à la merci d'une foule de tribus nomades, absolument indépendantes de

(1) Les intéressés exposent que le rail-way oriental est déjà fait jusqu'à Biskra et que le fait de l'exécution de cette amorce implique nécessairement celui d'un achèvement dans cette direction.

En vérité, l'étendue kilométrique du chemin de fer en question est relativement insignifiante. L'argument a d'autant moins de valeur qu'il peut être également invoqué par les partisans des deux autres tracés. Ainsi, défendant le tracé central, M. Jacqmin disait en 1879 : « On peut utiliser « la ligne classée de Mouzaïaville à Berrouaghia par la « vallée du Bou-Roumi et la prolonger jusqu'à Laghouat et « El Goléa. L'étude de détail est déjà faite jusqu'à Médéa. »

Cette ligne classée n'est pas encore exécutée, mais on en fait une autre passant par les gorges de la Chiffa. La Compagnie de l'*Ouest Algérien*, qui en a la concession, arrive en ce moment à Médéah et atteindra, l'an prochain, Berrouaghia.

l'empire du Maroc. Nous ne pourrions nous soustraire aux effets de leurs attaques incessantes qu'en opérant la conquête du sud marocain, et d'abord celle de Figuig, c'est-à-dire en violant les clauses du traité consenti, en 1845, à la suite de la bataille d'Isly.

A mesure qu'on s'approche de l'ouest, on voit se profiler des dunes de plus en plus inquiétantes (1) au point de vue des facilités d'établissement d'une infra-structure de voie.

Enfin, plus long que le tracé central dont il va être parlé, le tracé occidental est — comme l'o-

(1) M. Camille Sabatier a recueilli à cet égard de précieux renseignements de la bouche de divers indigènes, presque tous nègres, anciens esclaves habitant aujourd'hui l'Algérie. Extrayons de son intéressante étude (Mémoire sur la Géographie physique du Sahara central. — Paris, Imprimerie Nationale, 1880) les dires de quelques-uns de ces informants.

Parlant des accidents du sol aux environs d'Ouallen, le nommé Moussa ben Yahia, de Tombouctou, s'exprime en ces termes : « Les dunes étaient hautes de quatre à cinq mètres. Entre elles s'ouvraient des vallées de dix à vingt mètres par lesquelles passèrent nos chameaux. Nous mîmes à les franchir un peu plus d'une demi-journée ».

Embarek ben Ali ben Mohammed, né libre à Tombouctou, signale une « grande quantité de dunes aux environs du puits de Tagnout. »

Embarek Kanembou, né au Kanem sur les bords du Tchad, est passé par la lisière du banc d'Ergesh. Il y a rencontré des « dunes tellement hautes que, pour les descendre, les chameaux se laissaient glisser sur leurs genoux ».

riental — *excentrique* ; et cela, au seul et unique bénéfice de la province ou département d'Oran.

Ayant ainsi procédé par voie d'élimination et répudié les tracés longeant les frontières tripolitaine et marocaine, nous n'avons plus qu'à exposer les avantages que nous offre le tracé central, préconisé, en 1879, par les ingénieurs Jacqmin et Hardy, le voyageur Soleillet, les généraux de Colomb, Arnaudeau, Colonieu et nombre d'autres membres de la Commission supérieure.

Ce tracé, le plus court des trois, ne s'écarte pas sensiblement d'une droite qui serait menée d'Alger à Tombouctou. Il a pour tête de ligne Alger, le grand port, le chef-lieu de l'Algérie, le siège du gouvernement, le quartier général du 19e corps d'armée.

Cette première considération a sa valeur.

El Goléa, l'un des points principaux du tracé, se trouve exactement sur le méridien d'Alger. De cette oasis peuvent rayonner facilement toutes les bifurcations qu'il est possible d'imaginer. De cette position centrale on peut se diriger sur le Soudan soit par Temassinin (1), soit par Amadr'or; ou par le Gourâra et le Touât, ou par In-Sâlah, ou par les routes de caravanes qui se pratiquent de part et d'autre de celle-ci (2). Ce tracé permet aux trois provinces ou départements de l'Algérie de participer également aux bénéfices du commerce soudanais.

El Goléa est pour nous une base d'opérations naturelle. La salubrité de son site, l'abondance de ses eaux permettra d'y installer une population nombreuse, d'en faire un grand chantier d'approvisionnements. D'Alger à cette base nous pouvons marcher en toute sécurité, puisque nous sommes *chez nous*, à distance respectable des frontières tripolitaine et marocaine, affranchis par conséquent de toute crainte d'éventualité de complications internationales (3). De plus, nous traver-

(1) En passant par El Goléa pour aller chercher le chemin oriental tracé par Temassinin, nous nous affranchissons de l'obligation de pratiquer les bas-fonds morbifères de Tougourt et d'Ouargla.

(2) Le tracé central par El Goléa nous mène au Touât plus facilement que le tracé occidental.

(3) « On a fait surgir comme un fantôme les complications internationales que créerait probablement, dit-on, le passage de notre rail-way par le Touât si, d'El-Goléa, nous voulions aller longer et desservir les populations de cet immense archipel.

« Qu'à cela ne tienne, le passage par El Goléa ne nous

sons une région peuplée, nous passons près d'un *rocher de sel*, c'est-à-dire d'une mine d'or pour qui va trafiquer au Soudan.

« Au delà d'El Goléa, écrivait en 1879 le général Colonieu, nous avons deux lignes d'eau en terrain plat et dépourvu presque partout de sables, avec des matériaux de construction sur tout le parcours. L'une de ces lignes conduit au Touât, à Timmimoun ou à l'A'ouguerout; l'autre, au Tidikelt, à In-Sâlah.

« Nous savons que, au delà du parallèle d'In-Sâlah se trouve une vaste plaine déserte — le Tanezrouft — *libre de sables*, et que des caravanes de 1,200 à 2,000 esclaves traversent en quatorze ou quinze jours; que ces lignes parcourues par les convois esclavagistes aboutissent au Niger,

impose pas l'obligation absolue d'aller au Touât ni même à In-Sâlah.

. . . . . . . . . . . . . . . . . . . . . . . . . .

« Si nous redoutons trop les difficultés internationales — difficultés auxquelles je crois peu et qu'il me paraît, en tout cas, facile de conjurer — nous n'avons qu'à nous abstenir de pénétrer au Touât, sans pour cela trop nous en éloigner. Nous pouvons aller chercher la route des caravanes du Soudan passant dans l'est d'In-Sâlah, à quelques lieues de cette oasis. Nous serons, il est vrai, dans les conditions d'isolement que comporte le tracé oriental, mais cependant encore meilleures que celles-ci. »

(Extrait d'une lettre du général Colonieu aux membres de la *Commission supérieure*, en date du 23 août 1879.)

à un grand centre commercial, à Tombouctou que les Touareg sont clairsemés sur ce trajet. que les Touatia (habitants du Touât) sont les seuls caravanistes opérant entre leurs oasis et le Niger; qu'ils nous fourniront tous les renseignements dont nous aurons besoin; qu'il n'y a nulle difficulté de relief entre le Touât et le Niger; en un mot, que nous sommes relativement dans le connu et le facile. »

Telles sont aussi, à peu près, les conclusions de M. Camille Sabatier. « A partir du Touât, dit le savant député d'Oran (1), la voie gardant presque une horizontabilité absolue pourra suivre ou la vallée de l'ouâd Ter'azert ou les h'amad, sans colline à remonter, ni dune à franchir. L'approvisionnement en eau est, dès à présent, assuré excepté sur les 200 kilomètres que mesure l'étendue du tanezrouft à traverser. On pourra d'ailleurs éviter cette traversée, en prenant par la vallée de l'ouâd Ter'azert, si nos procédés de forage sont impuissants à amener l'eau à la surface du plateau aride.

. . . . . . . . . . . . . . . . . . . . . . . .

« Nous pouvons dire dès lors, sans crainte

(1) Mémoire cité, communiqué en épreuve aux membres de la Commission supérieure.

d'être démenti par les hommes spéciaux, que le Transsaharien (tracé central) se présente, au point de vue de l'exécution matérielle, dans des conditions de simplicité, d'horizontalité et d'économie que ne présente aucune autre ligne, soit en Europe, soit en Amérique. » (1)

Maintenant que nous avons parachevé la discussion du problème et arrêté notre choix motivé, étudions, en tous détails, le tracé central *Alger-Goléa-Tombouctou.*

(1) M. Camille Sabatier n'eût sans doute pas manqué d'ajouter « soit en Asie » si, alors qu'il écrivait, le gouvernement russe eût eu parachevé son magnifique chemin de fer transcaspien.

## XII

## Tracé central

SECTION INTÉRIEURE (*d'Alger à El Goléa*).

Le tracé central, dont nous venons de préconiser l'adoption (1), se scinde naturellement en deux sections : l'une, que nous nommerons *intérieure*; l'autre, *extérieure*. La première correspond à la portion de voie ferrée qui doit traverser le territoire de nos possessions algériennes; la

(1) M. Soleillet revendique la priorité de l'idée de ce tracé central. Dès le 13 janvier 1875, il en adressait le projet au ministre du Commerce; le 3 février suivant, il en exposait l'économie détaillée à la Société de géographie de Paris. Ultérieurement, le grand voyageur a traité le même sujet au cours de diverses conférences faites à Lyon, Avignon, Marseille, Bordeaux, Paris, Lille, Rouen, etc.

seconde, à la ligne de rails qu'il nous faudra poser par les régions sahariennes dont les habitants ne reconnaissent pas encore notre autorité. Celle-ci s'étend de l'oasis d'El Goléa jusqu'aux rives du Niger; celle-là, d'Alger à El Goléa.

Ces deux tronçons du Transsaharien se trouvent, on le conçoit, placées dans des conditions essentiellement différentes. D'Alger à El Goléa, en effet, nous sommes en territoire algérien, nous sommes *chez nous* et, moyennant quelques précautions et dispositions spéciales, nos ingénieurs sont en mesure d'opérer comme en France. Une société privée peut se charger des études; une compagnie concessionnaire, de l'exécution des travaux.

A partir d'El Goléa, au contraire, nous n'avons plus pied *chez nous*; nous sommes à l'étranger, dans un pays qui n'est plus de notre domaine et qui n'est pas nécessairement un pays ami. Nous entrons sur un territoire qu'habitent ou parcourent des populations dont les sympathies ne nous sont pas encore précisément acquises. Dès lors nos opérateurs ne seront en sûreté que sous la condition de certain déploiement de forces imposantes, et il deviendra indispensable que le système de construction de la voie ait pour base le fonctionnement en arrière de la voie elle-même.

Il faudra procéder à la manière du général Annenkow, l'illustre constructeur du chemin de fer transcaspien, et confier l'entreprise à un *bataillon de chemins de fer* installé dans un « train-caserne ». Ce ne sera plus une compagnie, mais l'État qui, seul, pourra utilement intervenir et, seul, devra présider à l'exécution des travaux nécessaires.

Les deux sections du Transsaharien sont donc, comme nous le disions tout à l'heure, de tous points dissemblables.

Commençons par analyser l'économie générale de la « section intérieure »

Alger, notre tête de ligne, est aujourd'hui trop connue de tout le monde pour qu'il soit utile d'en insérer ici la description ou l'histoire (1). C'est

(1) Contentons-nous de rappeler que l'importance du site d'Alger a été, de tout temps reconnue et, pour ainsi dire, proverbiale. On sait que ce site fut celui d'une cité phénicienne que les Grecs nommaient Εἰκόσιον la « ville des Vingt » en souvenir des circonstances d'une fondation attribuée à une vingtaine de compagnons du *melkarth* ou hercule de Tyr. Après qu'ils eurent ruiné Carthage, les Romains, excellents juges en matière de colonisation et de défense des côtes, les Romains ne manquèrent point d'occuper *Icosium* qui demeura florissante jusqu'à la fin du quatrième siècle de notre ère.

Plus tard, au Moyen Age, une ville berbère s'éleva sur

avons-nous dit plus haut, le grand port de l'Algérie, le siège du gouvernement, le quartier général du 19e corps d'armée. A ces titres, il serait difficile de faire choix d'un meilleur point de départ.

D'Alger à Blida, bien entendu, nous pratiquons la voie du P.-L.-M.

Puis, empruntant, à Blida, celle que nous offre la Compagnie de l'*Ouest-Algérien*, nous passons par Mouzaïa-les-Mines (1), Médéa (2), Ben Chi-

les ruines de l'ancienne Icosium et prit le nom d'*El Djezaïr* (les Iles) à raison d'un groupe d'îlots émergeant en face du site considéré et que les compagnons de l'hercule phénicien ni les Romains eux-mêmes n'avaient songé à relier au continent. C'est Khaïr-ed-Din qui, au seizième siècle, réunit lesdits îlots à la terre ferme, suivant le banc de roches qui, régnant sans interruption de l'un à l'autre, en faisait un chapelet. Une chaussée continue en couronna les pointes et le mouillage se trouva fermé du côté du nord. Telles sont les humbles origines du magnifique port d'Alger d'aujourd'hui.

(1) Mouzaïa occupe l'emplacement d'un établissement que les Romains nommaient *Velisci*.

(2) La ville de Médéa est bâtie aux lieu et place d'un oppidum romain dit *Mediæ coloniæ* ou *ad Medias*. Cet oppidum était, au cinquième siècle de notre ère, le siège d'un évêché (*ecclesia Mediensis*).

Militairement, la capitale de nos possessions du nord de l'Afrique ne devrait pas être Alger, mais un point commandant le petit Atlas, c'est-à-dire le massif montagneux qui se développe de l'embouchure de l'ouâd Sahel à celle du Chéliff. Or il est dans ce massif une section de crêtes qui

cao (1) et Berrouaghia (2). Là s'arrête la ligne de pénétration actuellement concédée à l'*Ouest-Algérien*.

A partir de ce point, par conséquent, nous ne pouvons plus qu'exprimer des conjectures, formuler des probabilités et proposer un axe dont

---

domine excellemment les cours du Bou-Roumi, de la Chiffa, de l'Arach, de l'Isser, tributaires de la Méditerranée et ceux de l'ouâd el Akoum, de l'ouâd Karakach, de l'Arbil, affluents du Chéliff. C'est là un magnifique nœud topographique d'où divergent en éventail sept vallées importantes. Il faut observer, d'ailleurs, que cette *étoile* de voies de communication se relie facilement à Aumale et qu'Aumale commande la vallée du Sahel. Cette section décrétée, éminemment stratégique, est celle qui court de Médéa à Ben Chicao.

Occupant un site des plus heureux à l'altitude de 931 mètres, Médéa est, à tous égards, une excellente base d'opérations; c'est là, du reste, que s'organisent toutes les expéditions qu'on est tenu de diriger dans le sud.

Cette place était donc un point tout indiqué de notre tracé central.

(1) L'oppidum romain assis sur les hauteurs qui dominent, au sud, le caravansérail moderne de Ben-Chicao, portait, au quatrième siècle de notre ère, le nom de *Munimentum Medianum*. C'était là le quartier général de Théodose, lors de son expédition contre Firmus, l'Abd-el-Kader du temps. Voilà encore un point qui se trouvait bien indiqué.

(2) Berrouaghia, dont le nom vient de l'arabe *berrouag* (asphodèle), occupe l'emplacement d'un camp romain dit *Taranamusa castra*. On observera, d'ailleurs, que le berbère *namousa* comporte la signification de « moustique » et que les deux sens sont bien en harmonie avec les conditions dans lesquelles se trouve placé le point considéré.

s'écartera plus ou moins, à l'est ou à l'ouest, le chemin de fer à exécuter.

Dans cet ordre d'idées, nous admettrons que la voie à construire ne fera que festonner de part ou d'autre, à la commande du terrain, la route nationale n° 1, d'Alger à Laghouat.

Donc, en principe, notre tracé central passe aux environs de Moudjbeur (1) et arrive — sous Boghar (2) — au Chéliff (3) dont il suit, d'aval en amont, la rive droite jusques au coude de Bou-R'zoul.

Au sud de Bou-R'zoul et non loin du Chéliff, la route entre dans la région de l'alfa (4) qu'elle coupe par *Aïn Oussera* et *Guelt-es-Settel* ; se poursuit par le *Rocher de Sel* (5), le poste de

(1) Notre smalah de Moudjbeur occupe l'emplacement d'un *oppidum* romain.

(2) Boghar est assis à l'endroit où s'élevait, au quatrième siècle, le poste romain d'*Ad latus*.

(3) Ce cours d'eau était dit *Asar* au temps de la domination romaine. — Ayant opiné pour un tracé par El Goléa, M. Duponchel s'était proposé d'arriver à cette oasis par la vallée du Chéliff. On se demande comment et pourquoi il a cru devoir modifier les conditions primitives de son projet.

(4) Cet océan d'alfa est d'une superficie de quatre à cinq cent mille hectares.

(5) Cette montagne de sel — d'un sel qui se paye au poids de l'or au Soudan — jauge, dit-on, de cinq à six cents millions de tonnes.

Djelfa et atteint les abords de Laghouat (1), centre important, toujours abondamment pourvu d'approvisionnements de toute espèce et, par conséquent, très propre à nous servir de base d'opérations secondaire (2).

Au delà de Laghouat, plus de route nationale

(1) Ancienne capitale du Sahara algérien, Laghouat a, tour à tour, dépendu du Maroc et des Turcs. Avant 1830, elle payait au dey d'Alger un tribut annuel de sept nègres, afin d'avoir le droit d'aller acheter du grain sur les marchés du Tell. Très impatiente du joug de ses suzerains, elle leur a souvent résisté avec succès. Son histoire est, d'ailleurs, celle de toutes les villes du Sahara: des déchirements, des luttes à main armée entre divers partis se disputant le pouvoir. Elle n'a commencé à jouir d'un peu de tranquillité que vers 1844, alors que Ah'med-ben-Sâlem, chef des Oulâd-Zânoun, eut demandé et obtenu, à titre de khelifa, l'investiture de la France. Repos de courte durée, d'ailleurs, car la ville eut la malheureuse idée de recevoir dans ses murs le célèbre Moh'ammed-ben-A'bd-Allah auquel il nous fallut la reprendre. Elle fut, comme on sait, emportée d'assaut le 4 décembre 1852. Régulièrement occupée depuis lors, Laghouat est actuellement aussi bien francisée qu'Alger, Oran ou Constantine.

(2) C'est à Laghouat que s'est organisée la seconde expédition du malheureux Flatters. — « Laghouat, dit un des « officiers qui l'accompagnaient au cours de la première, « avait paru être celui de nos postes militaires de notre « frontière algérienne qui devait présenter les plus grandes « ressources. Il avait été décidé, en conséquence, que la « prochaine expédition partirait non plus de Biskra, mais « de Laghouat, où elle trouverait plus de facilités pour « s'organiser. » (H. Brosselard, *Voyage de la mission Flatters*. — Paris, Jouvet, 1883.)

dont le tracé puisse nous guider au cours de nos études. Nous ne rencontrons plus que des pistes indécises, des chemins vagues, mais cependant assujettis à l'obligation de passer par certain nombre de points forcés. Ces points ne sont autres que ceux où l'on trouve de l'eau plus ou moins potable. C'est la *d'aïïa* (bas-fonds humide), le *r'dir* (flaque d'eau), la *guîlta* (mare), le *hassi* (puits non maçonné), le *bir* (puits maçonné) et l'*o'gla* (système de puits) qui commandent l'itinéraire à suivre. Ce n'est qu'en ces sites aquatiques que le voyageur peut faire halte ou prendre gîte ; ce sont les intervalles de ces abreuvoirs qui, aujourd'hui comme au temps de Ptolémée (1), correspondent nécessairement à l'étendue de ses étapes successives, sans qu'il lui soit permis de tenir nul compte des autres circonstances topographiques, ni d'aucune des conditions techniques auxquelles doit satisfaire un chemin tracé dans les règles.

Ces conditions, nos ingénieurs pourront y avoir égard dans une certaine mesure, attendu que nos méthodes modernes de forage nous per-

(1) ... ἀναγκαῖον διὰ τὰς τῶν ὑδρευμάτων ἀποχάς... (*Ptolémée, Geogr.*)

mettront sans doute de faire jaillir de l'eau là où maintenant l'on n'en rencontre pas.

Nous négligerons donc, au cours de nos études, tous ces chemins ou sentiers qui ne peuvent nous fournir aucune indication bien utile et nous nous bornerons à observer que, partant de Laghouat pour descendre le méridien d'Alger et tendre vers El Goléa, nous passerons *à hauteur* de l'oasis des *Beni-Mzâb* ; que nous traverserons ensuite le terrain de parcours du *Cha'ânba Berâzga* ; que nous couperons enfin celui des *Cha'ânba el Mouadhi*.

Il est bon d'avoir quelques données touchant les populations qui se meuvent dans l'espace qui peut être dit « lieu géométrique » de la ligne transsaharienne à tracer. Ces utiles données, nous avons cru pouvoir les résumer ainsi qu'il suit.

---

On entend, en général, par *chebka* (filet) une région tourmentée, profondément déchirée et ne dessinant aucun mouvement topographique nettement définissable. La chebka du Mzâb est bien effectivement un filet à innombrables mailles se pénétrant, se traversant, se croisant, s'entrelaçant en tous sens ; c'est un fouillis d'obstacles rugueux et mornes.

C'est dans ce pays désolé que s'est établie, à certaine époque difficile à déterminer, une population originale, celle des *Beni Mzâb* ou *Mzâbites* (1).

D'où venaient-ils, ces émigrés ? Quel était le pays de leurs pères? Une légende juive veut qu'ils soient de sang moabite ; suivant une tradition arabe, d'aucuns d'entre ces exilés seraient originaires des environs d'Ouargla ; les autres seraient venus des bords de la Mina, fuyant les violences d'un conquérant marchant de l'est à l'ouest. Tout cela est bien vague. Le seul document précis à retenir, c'est que leur idiome — le *mzâbïa* — appartient au groupe des langues berbères.

Quelle est leur histoire depuis le jour de leur venue en ces parages rocailleux ?

Grâce à son éloignement du Tell et à son aridité, la chebka n'aurait jamais eu, dit-on, à subir qu'une seule invasion, celle d'un corps d'armée turc, et ces troupes turques auraient été

(1) Par corruption *Mozabites*. Musulmans schismatiques, les Beni Mzâb sont dits par les orthodoxes *Khouamès* ou *Khamsïa* (cinquièmes) parce qu'ils entendent ne commencer qu'au cinquième Kalife la série des successeurs légitimes du Prophète. On les appelle aussi *Khouâredj* (sortants) parce que leur hérésie les a fait sortir et maintient en dehors des quatre sectes admises par les docteurs de l'Islâm.

repoussées avec pertes. On sait, d'ailleurs, que les Mzâbites refusèrent toujours de se soumettre au deys d'Alger, voire de leur payer tribut. Sachant ces durs pachas impuissants à exercer sur eux aucune espèce de contrainte, ils ne cessèrent jamais de se moquer de leurs prétentions.

Ils osèrent même une fois railler aussi A'bd el Kader. Alors qu'il procédait à l'exécutton de ses travaux du siège d'Aïn Mad'i, l'émir avait mis les Mzâbites en demeure de reconnaître son autorité, de lui faire soumission. « Dieu m'a donné la victoire, leur avait-il dit ; je suis son élu ; tous les musulmans me doivent obéissance. Si vous me refusez la vôtre, je ferai trancher la tête à tous ceux d'entre vous qui tomberont entre mes mains. » Les gens de la chebka eurent le courage de répondre en ces termes aux menaces de l'émir : « Nous ne sortirons pas du chemin qu'ont suivi nos ancêtres. Nos voyageurs, nos commerçants te payeront, dans les pays qu'ils traverseront, les droits ou tributs qu'ils payaient aux Turcs, mais nous ne te livrerons jamais nos villes. Le jour où tu viendras avec tes canons et tes bataillons, nous abattrons les remparts de nos cités, nous te le jurons, pour que rien ne sépare les poitrines de nos jeunes gens des poitrines de tes soldats. Tu nous menaces de nous priver des grains du Tell, mais nous avons pour vingt ans de provisions de poudre et de dattes, et nous récoltons de blé à peu près ce qu'il nous faut pour vivre. Tu nous menaces de faire mettre à mort tous les Beni Mzâb qui habitent tes villes!... tue-les si tu veux, que nous importe? Ceux qui ont quitté notre pays ne sont plus des nôtres. Fais mieux, écorche-les!... et, si tu manques de sel pour conserver leurs peaux, nous t'en enverrons tant que tu voudras ».

Moyennant payement régulier d'un léger tribut par eux consenti, les Mzâbites ont d'abord obtenu notre protectorat. Aujourd'hui, nous occupons leur territoire, mais nous leur avons laissé une autonomie grâce à laquelle ils ne sentent guère le poids de notre conquête. Ils forment toujours une sorte de république fédérative et, bien que soumis à notre autorité, jouissent d'une indépendance à peu près absolue.

Cette population de trente à quarante mille âmes occupe les maisons d'une heptapole dont cinq villes — *R'ardâïa*, *Beni-Isguen*, *Melika*, *Bou-Noura*, *El-A't'euf* — sont sur l'ouâd Mzâb; et deux — *Berriân* et *Guerrâra* — en dehors de cette vallée. Toutes ces localités sont bien tenues.

Grâce aux excellentes mesures prises par une édilité intelligente, il y règne un ordre et une propreté qu'on ne rencontre nulle part ailleurs dans les qs'our sahariens.

Moralement très supérieurs aux Arabes, les Mzâbites s'en distinguent essentiellement du fait de la rigidité de leurs mœurs, de leur activité, de leur ardeur au travail. Les soins incessants qu'ils sont contraints de donner à leurs palmiers ne sauraient cependant suffire à leur assurer des moyens d'existence; aussi font-ils, en même temps, du commerce. Doués du génie des affaires, ces gens du Mzâb dessinent le trait-d'union qui relie le Sahara au Tell. Centre de transactions commerciales, leur heptapole n'est autre chose qu'un vaste système de docks où les Sahariens viennent acheter, vendre, faire des échanges ou des dépôts de marchandises. Toujours très fréquenté, notamment par les gens du Gourâra, de l'A'ouguerout et du Touât, ce marché est des plus importants. On y trouve tous les produits du Tell, principalement du blé. Quelques juifs de R'ardâïa y ont, à peu près, monopolisé le commerce de l'or, des plumes d'autruche et du henné (1).

(1) Voici, d'ailleurs, une nomenclature assez exacte des marchandises qu'on trouve sur les places du Mzâb : Blé — Orge — Fèves — Pois chiches — Glands doux — Laines — Beurre

En résumé, les Mzâbites seront pour nous de précieux auxiliaires, car ils ont non seulement le génie du commerce mais encore les capitaux qui l'alimentent et le font prospérer. Il importe que notre tracé central ne passe pas trop loin de leur pays.

---

Les Cha'ânba, qui se disent originaires de la province d'Oran, étaient autrefois concentrés sur le territoire de Met'lîlî; mais les accroissements successifs de leur population ont eu pour conséquence une grande extension de domaine. Aujourd'hui, l'aire de leur habitat est un vaste triangle ayant pour sommets Ouargla, Met'lîlî et El Goléa. En se donnant ainsi plus d'espace, ils ont été conduits à se fractionner en trois groupes correspondant à ces trois centres de population. Ceux d'Ouargla ont pris le titre de *bou Rouba*; ceux des environs de Met'lîlî sont dits Cha'ânba

---

de brebis — Moutons — Chevaux — Anes — Bœufs — Huile — Peaux tannées — Henné — Alun — Dents d'éléphant — Poudre d'or — Plumes d'autruche — Chechias — Ceintures — Chaussures — Indiennes — Cotonnades — Soies — Draps — Épiceries — Poteries — Mercure — Armes — Verroterie — Coutellerie — Sucre — Kermès — Garance — Aciers — Fers — Tapis — Gazelles, lièvres, gibier vivant — Autruches vivantes, etc., etc.

*Berâzga* ; ceux, enfin, qui pivotent à l'entour d'El Goléa se sont surnommés *El Mouadhi*.

En dépit du fait de cette séparation, les trois rameaux de la souche commune sont demeurés en bonne intelligence et, dans les circonstances difficiles, ils se prêtent toujours un mutuel et solide appui. Qu'un même danger les menace, ou qu'une de leurs fractions insultée ne puisse se défendre sans le secours des autres, celles-ci s'unissent incontinent à elle et lui jurent assistance en ces termes : « Nous mourrons ta mort, « nous perdrons tes pertes ; nous ne renonce-« rons à la vengeance que si nos enfants, nos « biens sont perdus ; et nos têtes, frappées !... »

Là-dessus, tous partent intrépidement en guerre. Leurs expéditions sont souvent très lointaines ; ils vont parfois — chose incroyable ! — combattre les Touareg dans les monts Ahaggar (1).

Comme tous les habitants du désert, les Cha'ânba sont infatigables. De taille élancée, vigoureux, d'une sobriété invraisemblable, ils sont d'une perspicacité qui rappelle celle des Mohicans. La nuit, ils se guident sur les étoiles ;

(1) Leurs cavaliers font grand'peur aux Touareg ; leurs fantassins arrivent, d'ailleurs, rapidement au point de concentration indiqué, car les marches de ceux-ci ne se font qu'à dos de mehâri.

le jour, sur des points imperceptibles à tous yeux autres que les leurs. Animés d'un grand esprit de bravoure, il se piquent d'avoir des principes et de ne jamais commettre d'excès. « Dans les « combats, professent-ils, la femme !... nous ne « la dépouillons jamais ; l'ennemi mort !... nous « ne lui coupons pas la tête..... et nous n'aban- « donnons jamais les nôtres. »

Eux-mêmes se plaisent à parler de leurs instincts, us et mœurs caractéristiques. « Ils aiment passionnément, déclarent-ils, les chants, la musique, les femmes, la poudre et, par dessus tout, l'indépendance. »

A cette nomenclature les Cha'ânba pourraient ajouter le « travail assidu », car ils sont pleins d'activité. Nés commerçants, ils courent les marchés de R'damès, du Touât, au pays des Oulâd Sidi Cheikh, de Laghouat, etc. Ils y conduisent des chameaux et des moutons engraissés pour la boucherie ; ils y portent du beurre de brebis, de la laine, des *djellâba* et des bernous fabriqués par leurs femmes, des douros d'Espagne sur lesquels ils réalisent de gros bénéfices de change, des dépouilles d'autruche provenant de leurs chasses, etc. Ils louent des chameaux aux trafiquants sahariens ou se chargent du transport de de leurs marchandises.

Leur industrie est, d'autre part, remarquablement développée. Ils savent forger des pioches, des couteaux, des faucilles, des fers à cheval, des tondeuses, etc. ; raccommoder les armes ; faire de la poterie, des selles, des chaussures, des outres goudronnées, seaux en cuir tanné ; préparer les peaux de bouc, etc. Les plus pauvres d'entre eux se font broyeurs de noyaux de dattes (*nouât*). « Il paraît, dit le colonel Trumelet, « que, écrasés, réduits en poudre et détrempés « dans l'eau, ces noyaux composent aux chevaux « et chameaux une nourriture extrêmement « de leur goût, principalement quand ils « n'ont rien autre chose à se mettre sous la « dent. »

Quant aux femmes, elles apprêtent les laines, les poils de chèvre ou de chameau et les tissent en haïks, bernous, tapis, couvertures de cheval, tentes imperméables; elles tressent en alfa ou en feuilles de dattier des nattes, des cordes, des sacs, des chapeaux, etc., etc.

Les Cha'ânba, dont la principale richesse consiste en immenses troupeaux de chameaux et de moutons, vivent partie sous la tente, partie dans des qs'our, sur le territoire desquels ils ont des plantations de dattiers et de vastes jardins potagers.

Les plus importants de ces qs'our sont ceux de Met'lîlî et d'El Goléa.

Cachée dans un des plis de la Chebka, l'oasis de Met'lîlî se compose de plusieurs forêts de palmiers bordant la rivière de ce nom sur plus de quatre kilomètres de longueur. Assis dans une clairière ouverte au milieu de la forêt, le qs'eur comprend cent cinquante maisons bâties en terre séchée au soleil; il est, comme tous les q'sour sahariens, enfermé sous une enceinte qui mesure de quatre à huit mètres de hauteur. Les rues en sont tenues très proprement; les jardins, peuplés de palombes, de tourterelles, d'étourneaux, de moineaux, de cigognes, de *bou-djerada*. Aux environs grande abondance de gazelles, de lapins, de lièvres, de chakals, de porcs-épics, etc. On y trouve aussi le *deb*, l'*aroui*, le *beguar el ouach* et quantité d'autre gibier, plume et poil.

El Goléa — dont le nom signifie « forteresse assise au sommet d'un point rocheux » (1) — se

(1) *El Goléa'a* est le diminutif régulier du substantif arabe *El Gala'a*, ville fortifiée. Ce nom, que le général Daumas écrivait *Gueléa*, a donc le sens de petite place forte, ou château-fort D'autre part, les petits pitons coniques au sommet

trouve sur le méridien d'Alger, à neuf cents kilomètres du littoral; le site qu'elle occupe en ce point mesure 420 mètres d'altitude. L'air y est pur; l'eau potable, abondante; le pays d'alentour, singulièrement fertile.

Les origines d'El Goléa sont assez obscures et, par conséquent, discutées. « Évidemment, dit le général Daumas, c'était là une station romaine » (1). Plutôt que les Romains, estime le capitaine Parisot, ce sont les Berbères qui — peut-être à l'époque romaine — ont bâti El Goléa. Une légende veut, en effet, qu'un chef de Berbères zenâta, battu par les Romains ou les Grecs byzantins, soit venu dans la vallée de l'ouâd Segueur fonder une ville qui s'appela tout d'abord *Taourîr't* (piton).

Quoi qu'il en soit, il est hors de doute qu'El Goléa a jadis été le centre d'un petit État qui sut longtemps défendre son indépendance, ainsi qu'il appert de quantité de légendes curieuses.

Suivant l'une de ces chroniques sahariennes,

---

desquels sont assis nombre de villages de la Grande-Kabylie sont dits par les habitants *Tagoléa*. Or le préfixe *Ta* implique, comme on sait, un sens d'infériorité, de petitesse. D'où il suit que le mot « Goléa » voudrait aussi dire « grand piton » et serait ainsi l'équivalent de l'arabe *gâra*.

(1) Tel était également l'avis de divers membres de la Commission supérieure de 1879.

El Goléa était assiégée par des Touareg qui avaient résolu de la réduire par la famine. Le siège durait depuis sept ans et les défenseurs commençaient à manquer de vivres. Une ruse de guerre assura leur salut. Un beau matin, les assiégeants aperçurent flottant au vent, sur le haut des murailles de la place, quantité de bernous blancs qui venaient d'être lavés et séchaient au soleil. Une lessive !... les assiégés ne manquaient donc pas d'eau?... (1)

La nuit suivante, de grands feux, allumés sur divers points, éclairaient toute la ville !... Cette ville ne manquait donc pas de bois ?...

Le lendemain, le pied des murailles était jonché

(1) Cet épisode est sans doute emprunté à l'histoire poétique de cette Embarka bent-el Khass que tout *fs'th-meddâh* (barde, chanteur-improvisateur) appelle la bienfaitrice du Sahara. Au temps jadis, racontent les trouvères du désert, Embarka habitait un qs'eur bâti au haut d'une gâra. La beauté de cette fille de race était si parfaite que, jour et nuit, la gâra retentissait des plaintes et s'humectait des pleurs des nombreux *ma'choùqin* (adorateurs) de la cruelle fille d'El Khas's'.

Un sultan du R'arb (occident), ayant entendu vanter les charmes d'Embarka, vient aussi lui faire la cour; il est suivi d'une longue file de chameaux chargés de cadeaux précieux. Mais Bent-el-Khas's' fait fi des présents et de l'amour du sultan marocain.

. . . . . . . . . . . . . . . . . . . .

Profondément blessé, celui-ci jure qu'il aura raison des dédains de l'inhumaine; que son bras obtiendra ce qu'on

de sacs de farine, de galettes, de *koushsou* (couscous), de dattes... Les restes du festin d'une nuit de fête sans doute !... Ces gens-là ne manquaient donc pas d'approvisionnements de subsistances ?...

Les Touareg le crurent et levèrent le siège, sans songer que, pour faire croire à l'abondance de leurs ressources, les défenseurs avaient sacrifié les éléments de leur dernier repas.

Selon une autre légende, El Goléa résistait, depuis déjà trois ans, aux attaques d'un sultan du Maroc, Moulaï-Ismaïl-ben-Ali. Ne pouvant emporter la place de haute lutte, celui-ci se mit à ravager le pays, coupa tous les palmiers et se dit que, en affamant la ville, il en aurait raison.

---

refuse à son cœur. Il fera le siège de la gâra ou goléa; il réduira par la soif celle qui le dédaigne. Cette femme, se dit-il, ne saurait tenir longtemps sur son plateau aride qui ne boit que les eaux du ciel.

. . . . . . . . . . . . . . . . . . . . . . .

L'investissement s'opère ; le siège se forme et se poursuit vigoureusement.

. . . . . . . . . . . . . . . . . . . . . . .

Au moment où il croit toucher au terme de ses travaux, le sultan stupéfait découvre que les femmes d'Embarka étendent, pour le faire sécher au soleil, le linge d'une année !...

Désespérant de prendre par la soif une femme qui a assez d'eau pour se permettre un tel blanchissage, le R'arbi lève le siège, bat en retraite... sans se douter que cette lessive — qui a mis la citerne à sec — n'est qu'une ruse d'Embarka.

Un beau jour, les assiégeants virent sortir de la place assiégée et se jeter dans leur camp une chèvre qu'ils prirent et tuèrent pour la manger. Or cette chèvre avait le ventre plein d'orge !.. Les défenseurs n'étaient donc pas à bout de ressources ?...

Le sultan en fut convaincu, et reprit le chemin du Maroc.

Nous ne nous sommes fait l'écho de ces récits légendaires qu'en vue de mettre en relief la force de résistance qu'El Goléa tire des conditions si favorables de son site. Elle finit cependant un jour par succomber. L'État dont elle était le centre florissant fut détruit à une époque inconnue par les sultans du Maroc, jaloux de sa prospérité (1).

Explorée en 1859, par M. Duveyrier ; en 1873, par le général de Galiffet, El Goléa est aujourd'hui régulièrement occupée et soumise à l'autorité de la France. Chef-lieu d'une agglomération de plus de soixante-dix villages, ce centre de population comprend une kasbah, une ville haute et une ville basse.

(1) On trouve au nord d'El Goléa quantité de troncs de palmiers coupés au ras du sol, sinistres témoins des désastres infligés à l'assiégé par un assiégeant résolu.

La kasbah est établie au sommet de la *gâra* ou cône rocheux qui commande de près de 80 mètres le terrain d'alentour.

« Au-dessous de la citadelle, dit le capitaine Parisot (1), sont empilées confusément, et sans le moindre respect des lois de la verticale, les maisons de la ville haute. Elles sont bâties sur la pente ouest du rocher, la plus voisine de la vallée de l'ouâd Seggueur (à 800 mètres environ) et reposent sur d'énormes assises bastionnées, hautes de huit à dix mètres, en pierres de taille grossièrement équarries mais solidement cimentées. Une porte unique s'ouvre dans un angle rentrant sous le bastion ; un double mur, véritable caponnière, mais tombant en ruines, suit la croupe de la gâra et mène à la ville basse. La ville haute est munie d'une enceinte encore en assez bon état. Derrière le bastion, et près de la porte, un puits, profond de trente mètres, assure de l'eau aux habitants du qs'eur, au cas où ils y seraient étroitement bloqués. »

Dans la plaine, du côté de l'ouest, s'étendent au pied de la gâra les maisons et jardins de la ville basse, magnifiques plantations qui s'é-

(1) *La région entre Ouarglâ et El Goléa*, dans le *Bulletin de la Société de Géographie*, 1880, t. XIX.

tendent jusqu'à sept ou huit kilomètres de la ville. En tout, seize mille dattiers. Les vergers, qui sont fort beaux, sont complantés d'arbres fruitiers : pêchers, abricotiers, amandiers, figuiers, grenadiers. Les habitants y cultivent des légumes, notamment des oignons; ils y font aussi venir de l'orge et du blé.

Chaque jardin a son puits, dont l'eau se maintient à un niveau commode. On la trouve en hiver à un ou deux mètres de profondeur; en été, à quatre ou cinq mètres. L'appareil élévatoire consiste en une grande perche établie entre deux montants et basculant moyennant le jeu d'une corde de tirage.

Ce qui, du point de vue auquel nous nous plaçons, constitue surtout la valeur exceptionnelle d'El Goléa, c'est le fait de la situation centrale qu'elle occupe dans le sud de nos possessions algériennes. Et ce n'est pas d'hier que cette situation est appréciée. Ainsi par lettre en date du 25 juin 1874, la Chambre de commerce d'Alger avait sollicité l'établissement d'une foire annuelle à El Goléa. Le général Chanzy, alors gouverneur général, avait hautement approuvé le projet et s'était empressé de prendre, à cet égard, les premières mesures utiles. Le gouvernement de la métropole ne comprit malheureusement point l'importance de la proposition et l'affaire n'eut point de suite.

Cette affaire manquée, il nous faut la reprendre en sous-œuvre ou plutôt donner à ce projet toute l'ampleur qu'il comporte. Grâce aux excellentes conditions du site considéré, nous pouvons installer à El Goléa une population nombreuse, y créer un grand chantier, faire de ce point un vaste magasin d'approvisionnements, une base d'opérations des travaux à exécuter dans toute l'étendue de la section *extérieure* de notre tracé central.

## XIII

## Tracé central. — Section extérieure.

(*D'El Goléa à Tombouctou.*)

### Première Partie. — LE TOUÂT

Qui jette un instant les yeux sur une carte d'Afrique est frappé d'un fait éclatant, celui de l'excellence exceptionnelle du site de cet archipel d'îlots verdoyants qu'on appelle le *Touât* (1). N'est-ce point là, se dit-on, le gîte d'étape obligé de toutes les caravanes qui se dirigent du nord au sud, ou réciproquement? N'est-ce point un vaste caravansérail où tous les voyageurs sont forcément conduits par la Fièvre ou la Soif? Oui, c'est bien le foyer où viennent se concentrer tous les rayons du commerce africain; c'est le vrai cœur du Sahara!

---

(1) Forme berbère du mot « oasis ».

Et, de fait, ce pays est un colossal entrepôt où s'emmagasinent toute sorte de marchandises (1). In-Sâlah et Aqâbli, en particulier, sont d'immenses centres d'échange entre les produits de l'Europe et ceux du Centre-Afrique (2).

Pour nous, Français, le Touât est le trait d'union indiqué par dame Nature elle-même à l'effet de relier nos possessions algériennes au Soudan. Il n'est aucune autre voie qui soit aussi *française*. Partons donc d'El Goléa et visitons une région intéressante dont la traversée ou, tout au moins, le côtoiement s'impose à notre ligne transsaharienne. Dirigeons-nous sur cette célèbre In-Sâlah dont nous avons déjà tant de fois écrit ici le nom.

Un des chemins conduisant d'El Goléa à In-Sâlah coupe les affluents de gauche de l'ouâd Mïiâ. Le voyageur qui le prend remonte la

(1) On y trouve toujours, en quantités considérables : d'une part, le salpêtre, le henné, le maroquin, le natron, les bernous, les h'euliak, etc ; — d'autre part, les grains, le beurre, les moutons, les étoffes, fers, épices, bougies, allumettes et, généralement, tous produits de l'industrie européenne.

(2) Les autres villes du Touât — Timmi, Tabalk'ouza, Timmimoun, etc., — ne sont que des places de commerce alimentées par les productions du pays.

vallée de cette rivière et finit par arriver au col du Tidikelt, qu'il franchit pour descendre dans le bassin de l'ouâd el Abiod. Ce faisant, il marche constamment du nord au sud, laissant, le matin, le soleil levant sur sa gauche; la nuit, *el Hadrî* (l'étoile polaire) derrière lui (1).

(1) Voici le tableau des étapes de cet itinéraire d'El Goléa à In-Sâlah :

Première journée.— Cinq heures de marche Gîte à *El Kechiba ;* eau et palmiers dans les dunes.

Deuxième journée. — Six heures de marche à travers de grandes dunes; campement dans un terrain sablonneux, dit *Ras-el-a'reug* (tête des dunes).

Troisième journée. — On arrive de bonne heure à *El-Mekkesa*. De là étape de 15 à 16 lieues pour gagner *Kechiba*. source dont les eaux vives vont grossir l'ouâd Sert, affluent de l'ouâd Miïâ.

Quatrième journée. — Quatre heures de marche, et l'on arrive aux dunes de *Semaran*, se développant de l'autre côté de l'ouâd Sert, lequel coule dans un ravin difficile à franchir.

Cinquième journée. — Cinq heures de marche pour parvenir à *Chebbâba*, profond ravin, affluent de l'ouâd Miïâ.

Sixième journée. — Environ six heures de marche, passées lesquelles on campe dans le ravin de l'ouâd Tebaloulet, affluent de l'ouâd Miïâ.

Septième journée. — Environ sept heures de marche pour arriver à *Hazem Meksem*, c'est-à-dire au confluent de l'ouâd Seder avec l'ouâd Miïâ.

Huitième journée. — Sept heures de marche, et l'on atteint *Djelgem*, système de *r'daïr* (mares), sis près de l'ouâd Miïâ. On campe dans le lit du cours d'eau.

Neuvième journée. — On remonte toujours la vallée

Il est un autre chemin plus direct par le haut du plateau, dont le massif sépare l'ouâd Miiâ de l'ouâd Meguïden.

En somme, le voyage s'accompit en une quinzaine de jours.

---

Le sol de la vallée du Touât constitue, à vrai dire, le ciel d'une rivière souterraine qui, en dépit de l'imperfection des procédés d'irrigation actuellement en usage, fournit à la culture un volume d'eau considérable. Les plantations y sont donc amplement arrosées, et la chose est loin d'être

---

de l'ouâd Miiâ. Huit heures de marche, après lesquelles on s'arrête au confluent de l'*ouâd Chebbâba*.

Dixième journée. — Huit heures de marche en remontant l'affluent de l'ouâd Miiâ dit *chabet Tilemsin*. On campe à l'origine de ce ravin.

Onzième journée. — Sept heures de marche. On franchit le col du Tidikelt et l'on descend à *Aïn Guettâra*, tributaire de l'ouâd el Abiod.

Douzième journée. — Six heures de marche pour gagner le confluent d'un ravin innomé, affluent de l'ouâd el Abiod.

Treizième journée. — Sept heures de marche, et l'on arrive à *Foukret azaouar*, premier village du Tidikelt, sis au pied d'une haute gâra (plateau).

Quatorzième journée. — Huit heures de marche, et l'on atteint In-Sâlah.

inutile car le pays est soumis à l'action d'un climat des plus secs. Il y pleut à peine une fois tous les vingt ans. Cette vallée d'une fertilité merveilleuse ne nourrit pas moins de huit à dix millions de palmiers ; il s'y trouve, à chaque pas, de superbes jardins où la vigne grimpe aux troncs des figuiers, des grenadiers, des térébinthes, etc. ; où l'on récolte aussi quelques grains d'orge (1).

Touât est le nom collectif d'un archipel de trois à quatre cents oasis, soit d'une confédération indépendante d'autant de villes ou villages dont le territoire fédéral mesure, avons-nous dit, 300 kilomètres du nord au sud; et 160 de l'est à l'ouest, entre les méridiens d'Alger et d'Oran.

La population de cet ensemble de petits États — évaluée, au total, à quatre cent cinquante mille

(1) Les Touatia se nourrissent de viande de mouton et de chameau, de beurre, de kousksou (couscous) et de dattes, mais ils n'ont pas toujours autant qu'ils veulent de toutes ces denrées. De là ce conseil proverbial au consommateur :

« Le kousksou, goûte-le; le beurre, sens-le ;
et les dattes, mange-s-en. »

Seuls, les riches peuvent se permettre de manger de la galette car le blé coûte cher. Les productions du pays ne suffisant pas à ses besoins, les céréales lui viennent de l'Algérie.

âmes (1) — comprend trois races distinctes : des nègres (2), des Berbères (3), des Arabes (4).

Un dialecte berbère — le *zenatīa* — est la langue nationale du Gourarâ, du Timmi et de l'A'ouguerout ; l'arabe, la langue écrite, commerciale et religieuse de toute la confédération.

Politiquement, les oasis du Touât se groupent en cinq provinces ou circonscriptions qui, comptées du nord au sud, sont celles de : *Mah'arza*, chef-lieu Tabalk'ouza ; — *Gourârâ*, chef-lieu Timmimoun ; — *A'ouguerout*, chef-lieu K'asbah' el H'amera : — *Touât* (proprement dit) chef-lieu

(1) Ce chiffre est une moyenne. L'évaluation de M. Duveyrier est de 300,000 à 400,000 habitants ; celle du général de Colomb, de 500,000 à 600,000. En tout cas, il y a au Touât surabondance de population relativement aux ressources du pays. De là, nécessairement, un courant d'émigration constante et, pour ainsi dire, régulière. On rencontre des Touatia partout : à Agadès, à R'ât, à R'damès, à Tlemcen, etc.

(2) De type sub-éthiopien, appartenant au groupe Garamantique, ces noirs sont les plus anciens habitants et, aujourd'hui encore, les plus nombreux du Touât. Le Gourarâ et l'A'ouguerout n'en ont même point d'autres.

(3) Ebn-Khaldoun a donné la liste des tribus berbères qui, à une époque mal définie, ont envahi le Touât. Antérieurement à cette invasion, c'étaient les Touareg de l'Ahaggar qui prédominaient dans les oasis méridionales.

(4) Ayant renoncé à la vie nomade de leurs ancêtres, ces Arabes se sont fixés dans le pays et y ont bâti des villages.

Sbà ; — *Tidikelt*, chef-lieu In-Sâlah (1). Le territoire de chacune de ces circonscriptions se divise en cantons ou districts, et chaque district comprend certain nombre de villes ou villages fortifiés (qs'our.)

La confédération manque — malheureusement pour elle — d'homogénéité, nous voulons dire de gouvernement central. Essentiellement jaloux de leur indépendance, les Touatia ne reconnaissent aucune souveraineté. Lorsque Colonieu et Burin se présentèrent, en 1861, à la frontière des oasis, on leur en refusa l'accès sous prétexte qu'elles appartenaient au Maroc. Colonieu, ayant offert d'exhiber un permis du Sultan, se heurta à cette fin de non-recevoir : « Nous nous moquons de l'empereur du Maroc comme de toi, chien de chrétien !... » (2).

(1) Cette division est celle du général Daumas (1845) et de M. Duveyrier (1861). Quelques auteurs distinguent, en outre, les groupes de *Tinerkouk*, de *Tsabit*, de *Timmi* (chef-lieu Adr'âr) et d'*Aqâbli*.

Le général de Colomb (1860) répartit les oasis en dix groupes, ceux de *Gourarâ*, *Zoua*, *Der'amcha*, *A'ougueroul*, *Tsabit*, *Bouda*, *Timmi*, *Tamentit*, *Touât* et *Tidikelt*.

(2) De fait, ces braves à tous crins ne se moquent point, autant qu'ils veulent bien le dire, de l'empereur du Maroc, dont ils admettent la souveraineté *religieuse* et auquel, à ce titre, ils font périodiquement de petits cadeaux.

Après avoir fait à Colonieu la réponse hardie qu'on vient

D'autre part, aucun des cantons ne reconnait de pouvoir cantonal et chaque centre de population a ses autorités. Dans les villages nègres la tyrannie est exercée par une municipalité aristocratique; dans les berbères, par une assemblée démocratique; dans les qs'our arabes, par une oligarchie théocratique qui a su s'arroger des droits héréditaires au pouvoir absolu. Chaque qs'eur, chaque village, chaque hameau oscille entre deux partis politiques — les *Sefiân* et les *Ihamed* — et deux sectes religieuses — les *Snoussi* et les *Tedjâdjna*. Les ferments de division et d'anarchie sont donc aussi multiples que possible.

Quelles ont été, jusqu'à présent, les relations de ce pays avec la France ? En 1857, les Touatia avaient envoyé à Alger deux mandataires chargés de négocier avec le gouverneur général de l'Algérie un traité aux termes duquel ils se fussent reconnus nos tributaires. Cette mission ne put aboutir parce qu'un Français maladroit fit la faute de prononcer un jour le mot « conquête » et que, à ce mot, les négociateurs prirent peur. On leur offrit le protectorat... mais, ne se jugeant

de lire, ils prirent peur... et se hâtèrent de faire hommage à la cour de Fez de vingt négresses, accompagnées d'un émissaire porteur de six cents douros (3,000 francs) et de quelques *serras* (sacs de poudre d'or.)

pas munis de pouvoirs suffisants, ils déclinèrent l'offre... et l'affaire n'eut pas de suite.

Quatre ans plus tard, alors que Colonieu s'avançait vers Timmimoun et que notre allié Sîd H'amza allait visiter ses propriétés d'El Goléa, les braves Touatia, saisis de frayeur, firent mine de s'enfuir dans l'Ahaggar. On vit, à cette occasion, le prix du chameau s'élever, du jour au lendemain, de 200 à 500 francs.

Mille faits analogues démontrent jusqu'à l'évidence que les gens du Touât ont peur de nous et le pressentiment que, tôt ou tard, ils tomberont sous notre influence ou même seront soumis à notre domination. Dans cet ordre d'idées, ils pratiquent vis-à-vis de nous une politique d'isolement, d'abstention de toutes relations commerciales. Politique dangereuse !... car la France ne saurait admettre indéfiniment que les caravanes du Soudan se bornent à côtoyer ses frontières algériennes pour gagner, à partir de Touât, Tripoli, Mogador ou Tanger. Elle prétend prendre part à ce commerce. En conséquence, les Touatia doivent se bien pénétrer de cette idée que, s'ils continuent à fermer aux marchandises françaises la route d'Alger à Tombouctou, aux marchandises du Soudan la route de Tombouctou à Alger, notre gouvernement se verra forcé de procéder par voie de conquête, ou de s'ouvrir une autre route commerciale que celle du Touât, ce qui enlèverait à celui-ci les bénéfices d'un transit considérable (1).

Visitons un peu plus en détail une des provinces ou circonscriptions du Touât, celle du Tidikelt, plus grande à elle seule que les quatre autres prises ensemble.

Le Tidikelt comprend deux cantons ou districts, lesquels sont ceux des *Oulâd Zenan* et d'*In-Sâlah*. Le premier englobe quinze villes ou villages ; le second, quatorze. Comme dans toutes les oasis du Sahara, les maisons de ces qs'our sont bâties en mottes de terre séchée au soleil, car la chaux et les pierres font défaut. Chacune de ces habitations, que dessert un puits, est fermée par une porte en bois de palmier. Les portes des *hôtels* riches sont en bois blanc de Tombouctou.

Les hommes de ce pays portent une *abaïa* (robe)

(1) Les grands négociants et capitalistes du Touât ne se font aucune illusion à cet égard et inclinent à l'idée d'un traité de commerce avec la France, mais comment persuader leurs compatriotes ? La plupart de ceux-ci n'écoutent que les *t'olbâ* (lettrés) à la solde des Snoussi et autres abuseurs de peuples prêchant la rupture de tout pacte avec les infidèles.

en saïe, des culottes à l'européenne et une ceinture. Comme leurs voisins les Touareg, ils se voilent le visage d'un morceau d'étoffe noire, à la manière des mauresques d'Alger. Quelques-uns ont des boucles d'oreille; presque tous, des amulettes pendues au cou. Les femmes, qui sont fort belles, portent le h'aïk; une pièce d'étoffe de laine, qui leur couvre la tête, s'attache sous le menton. Elles ont, aux bras et aux jambes, de hauts bracelets d'or, d'argent ou de corne; au cou, de grands colliers de clous de girofle, ou de monnaies d'or et d'argent alternant avec des coraux. Elles vont à visage découvert, montrant non sans coquetterie leurs grands yeux noirs, leur teint doré, leurs dents d'une blancheur éblouissante.

Les gens du Tidikelt cultivent le blé, l'orge, le millet, le blé de Turquie, les fèves, les pois chiches et autres farineux; ils ont de grands troupeaux de chèvres, d'*ademan* (moutons à poils ras) et de chameaux.

Ils s'adonnent, en même temps, au commerce. Leurs caravanes portent au Soudan toute espèce d'étoffes, notamment des cotonnades anglaises, des armes blanches — yatagans et poignards — des plats en cuivre, des cuirs rouges du Tafilalet; elles en ramènent des esclaves, des dents d'éléphant, de l'indigo, de la poudre d'or, etc. Leurs marchés sont fréquentés par les R'damsi (gens de R'damès) les Cha'ânba de Met'lili et d'El Goléa, ainsi que par les Touareg Isaqqamaren, Ahaggar et Azdjer. Les Touareg y amènent des chamelles, des ânes, des dépouilles d'autruche, des esclaves chargés d'ivoire et de poudre d'or; les Cha'ânba, des chevaux, des bernous, des abaïa, des pioches, etc.; les R'damsi, des saïes du Soudan, des épiceries, des calicots, de la quincaillerie et des mares.

Les nomades qui campent sur le territoire du Tidikelt sont les El Khouari, les Oulâd Ba-Hammou, les Oulâd Zenan, les Oulâd Khelifa, les Oulâd Mokhtar, les Oulâd Ammi A'issa et les Touareg El Béïd. Propriétaires de dattiers, de jardins, de maisons dans les qs'our de la province où elles déposent leurs grains, leurs dattes et leur argent, ces tribus ont des intérêts connexes avec ceux des qs'ouriens. Vivant les trois quarts de l'année près des villes ou villages, elles ne s'en éloignent qu'au printemps pour aller paître leurs troupeaux.

Les centres principaux du district d'In-Sâlah sont In-Sâlah, A'oulef et Aqâbli.

---

Clé du commerce de l'Afrique septentrionale avec la vallée du Niger et les bords du lac Tchad,

In-Sâlah (1) est à égale distance de Tombouctou, de Mogador, de Tanger, de Tripoli et d'Alger. Le site qu'elle occupe en ce point remarquable est à l'altitude de 137 mètres (2).

Cette célèbre In-Sâlah qu'on nomme la « capitale » du Tidikelt, n'est pas, comme on pourrait le croire, une ville, mais un système de qs'our, une tétrapole de bourgades fortifiées, alignées suivant la direction d'un parallèle et qui sont celles de : *qs'eur el Arab*, *Bel-Kassem*, *Oulâd-el-Hadj* et *Der'amcha*. C'est à l'entour de cette petite constellation d'oasis que rayonnent les quatorze villages emmuraillés constituant la banlieue d'In-Sâlah. Chacun de ces villages a sa vie propre; une *djemâa'a* (conseil de notables) y est chargée de la défense des intérêts généraux.

In-Sâlah fait beaucoup d'affaires. Ses carava-

(1) Ce nom implique le sens de « ville de Sâlah » (nom propre). Les habitants n'en font remonter l'origine qu'à deux cents ans et il est certain, dit M. Duveyrier, qu'il n'en est fait mention en aucun document antérieur au quinzième siècle. Ici, nous devons observer que quelques commentateurs prennent In-Sâlah aux lieu et place de la *Silice* des Tables de Ptolémée.

(2) Cette altitude est celle que donne l'Allemand Rohlfs ; mais, d'accord avec le major Laing, M. Soleillet adopte le chiffre de 300 mètres.

nes se placent d'habitude sous la protection des Touareg Ahaggar qui répondent de leur sécurité pendant le voyage, aller et retour; mais cette assistance ne se prête pas, on le comprend, à titre gratuit. In-Sâlah est aux Ahaggar ce que R'damès et R'ât sont aux Azdjer, c'est-à-dire un marché sur lequel ces convoyeurs du désert peuvent venir s'approvisionner, sans bourse délier, de tout ce qui leur manque dans leurs montagnes. Toutefois, les Touatia du Tidikelt ne sont pas entièrement à la discrétion des Touareg attendu qu'ils disposent, d'ailleurs, d'une force armée spéciale, exclusivement chargée de la défense de l'oasis et de l'escorte des caravanes. C'est une sorte de légion de gendarmerie à cheval formée d'éclaireurs munis d'armes à feu, lesquels éclaireurs se recrutent spécialement dans la tribu nomade des Oulâd Ba-Hammou.

Chaque soir, à la tombée de la nuit, après une journée consacrée aux affaires, les gens d'In-Salâh se réunissent dans leurs jardins pour y prendre le frais ou y danser au son de la *gues'ba* (chalumeau), des *t'boul* (tambourins) et du *guellâl* (tambour de basque). Quant aux mœurs, elles sont assez légères. « Hommes et femmes, — « ainsi le veut un dicton populaire, — ont beau- « coup d'amour dans la tête et dans le cœur. »

A vingt-trois lieues ouest d'In-Sâlah se trouve le qs'eur *A'oulef*, lequel est dit seconde capitale du Tidikelt. C'est une ville de cent à cent cinquante maisons, assise au centre d'un cercle d'immenses forêts dans lesquelles domine le « talha » (*accacia gumnifera*). Habitée par de riches négociants, ses principaux articles d'importation européenne sont les cotonnades qui s'y vendent trois ou quatre fois plus cher qu'en Algérie. Viennent ensuite, par ordre d'importance, la quincaillerie, les cordes, le papier, le beurre, l'huile, les parfums, les drogues, etc. Un *mzoued* (sac fait d'une peau de mouton) de beurre se paye 100 francs; un *mzoued* d'huile, 150. Suivant la qualité, les dattes y coûtent de 10 à 25 francs la grande charge de chameau, soit 200 kilogrammes.

Sise à l'extrémité sud de la province de Tidikelt, l'oasis d'*Aqâbli* comprend — échelonnés du nord au sud — quatre qs'our, qui sont ceux de *Sahal*, *Arekchach*, *Mansour* et *Zaouïet bou Naâma*. On y compte plus de soixante mille palmiers. Ce groupe de villages est habité par des marabouts Cheurfa, lesquels font de grosses affaires commerciales, organisent des caravanes à destination de Tombouctou et sont, par conséquent, très riches.

Assistons — le spectacle en vaut la peine — à l'organisation d'une de ces caravanes du Touât, dont l'appareillage peut se comparer à celui d'une escadre en partance pour un long voyage. Le Sahara n'est autre chose, en effet, qu'une mer solidifiée, une mer qui a ses tempêtes, ses écueils et où les naufrages ne sont pas rares. Comme au cours d'une expédition maritime, il faudra, plus d'une fois, faire relâche à des aiguades; il faudra emporter des vivres, des rechanges d'objets de harnachement — nous allions dire de gréement — entretenir la cargaison en bon état, etc. L'analogie est, de tous points, frappante.

Voici que l'armateur tire de ses magasins les marchandises qui vont être expédiées à destination du Soudan (1). Les ballots en sont cordés,

(1) Calicots — cotonnades — draps — bernous — ceintures de soie — indiennes — coraux — ambre — pipes à bout en ivoire, en ambre, en corail, en argent — tabacs — verroteries — nacre — pierres à fusil — cumin — poivre noir — sucre et thé — essences de Tunis — musc — effets de harnachement — peaux tannées — soies — noix muscades — sabres — carabines de gros calibre — balles et grenaille — chechïa — kouta (mouchoirs) — cafetans en drap

ficelés, cuirassés contre les chocs. Voici les *greb* (outres) affectés au transport de l'eau; les *r'erâïr* (grands sacs) emplis de dattes et de *rouïna* (farine d'orge), le tout pour assurer à l'équipage des moyens de subsistance.

Arrivent les chameaux de bât loués aux tribus d'alentour qui se sont fait une spécialité de l'industrie des transports. Le prix de location de chacune de ces bêtes de somme est de quatre-vingts douros (400 francs) pour un voyage du Touât à Tombouctou. Le contrat de louage peut, d'ailleurs, stipuler d'autres conditions, telles qu'une part dans les bénéfices de la vente ou quelque clause analogue. Un chameau porte, avons-nous dit, environ 200 kilogrammes.

Vêtu d'une *djellâba* (robe) de laine et d'un mauvais bernous, chaussé du *bou-mentel* (espèce de sandale en chiffons et peau de chèvre), chacun des *s'ououâga* (chameliers) emporte dans son *mzoued* (sac à provisions) deux mois de « rouïna ». Ces conducteurs n'ont pour armes que de petits couteaux pendus à leur ceinture et des *eu'c'i*

---

rouge — chemises de calicot — pelles, pioches, socs de charrue — chaussures, bottes de cavalier (*temag*) — chapelets — bracelets et bagues — épingles en cuivre — couteaux et ciseaux — miroirs — papiers — aciers — douros d'Espagne, etc., etc.

(bâtons à manche court) faits pour corriger, à l'occasion, les bêtes indociles.

Une quarantaine de *menaïr* (vieux voyageurs expérimentés) sont là, alertes et dispos. Ils guideront et éclaireront la colonne ; armés en guerre, ils la défendront, au besoin, contre une attaque des pirates du désert. Derrière eux se rangent les marchands ou subrécargues qui doivent suivre leurs marchandises jusqu'à destination. Ils ont à leur service une petite bande de *s'okhkhrâra* (gens de corvée, hommes de peine).

La caravane entière est placée sous les ordres d'un *cheikh el R'akeb,* directeur de tous les mouvements à exécuter le long du chemin, chef unique investi d'un pouvoir absolu, comme l'est un capitaine à bord de son navire.

Tout est prêt. . il n'y a plus qu'à charger.

« Le signal du boute-charge, dit le colonel Trumelet (1), est aussi celui d'un long gémissement sur toute la ligne des chameaux. C'est que charger ces animaux, c'est renouveler leurs douleurs. Le bât, qu'on leur applique dès qu'ils peuvent porter et qu'on ne leur ôte guère qu'à leur mort, cache bien des misères...... — Tant que la

(1) *Les Français dans le Désert.* Paris, Garnier 1863.

plaie n'ait pas échauffée par la marche et par le frottement, l'animal souffre le martyre, et il a d'autant plus tort de se plaindre que ses bourreaux restent complètement insensibles à sa douleur.

« Au boute-selle, sur un cri guttural des *s'ououâga*, les chameaux se lèvent sur leurs jambes à ressort avec cette violence de détente qui leur est particulière et tendent le cou en flairant la direction à prendre. »

Une fois partie, la caravane va ramasser, l'un après l'autre, des marchands qui l'attendent au passage pour faire route avec elle et sous sa protection ; elle va grossir et se composera bientôt de mille ou douze cents personnes (1).

Mettons-nous à la remorque d'une de ces flotilles du désert. Suivons-la jusqu'au terme de son voyage et, chemin faisant, essayons une reconnaissance des régions que doit couper notre transsaharien.

---

(1) Les caravanes sont parfois bien plus nombreuses. Celle que Colonieu s'était attachée en 1861 ne comptait pas moins de 4,000 individus, dont 1,400 femmes ou enfants.

## XIV

### Tracé central. — Section extérieure.

(*D'El Goléa à Tombouctou.*)

#### Seconde Partie. — LE TANEZROUFT ET L'AZAOUAR'

Notre caravane peut exercer son choix entre plusieurs chemins, car il en est plus d'un qui mène à Tombouctou. On distingue effectivement, en ce qui concerne ce trajet, les itinéraires qu'ont indiqués ou esquissés Henry Barth, l'Arabe El Ouarani, le capitaine Parisot et M. Camille Sabatier.

Nous dirons quelques mots de ces routes dont le réseau peut être pris pour « lieu géométrique » de notre tracé central.

---

En 1854, Henry Barth scandait par journées de marche deux itinéraires dits : l'un, *Route orientale* ;

l'autre, *Route occidentale* du Touât à Tombouctou. Le premier passait par A'oulef, Aqâbli, In-Zize et Mabrouk (1); le second, par A'oulef, Ouallen, Am'rannan et aussi Mabrouk (2).

---

(1) Voici, déterminés par le grand voyageur, quelques-uns des gîtes d'étape que comporte cet itinéraire *oriental :*
« Départ d'A'oulef.
« Premier gîte d'étape. — Aqâbli.
« Deuxième gîte d'étape. — Terichoumin. — Un puits.
« Quatrième gîte d'étape. — Derim.
« Septième gîte d'étape. — In-Zize. — Un puits à eau jaillissante. — Cultures de riz, d'arachides et de *bechna.* »

TRAVERSÉE DU TANEZROUFT

« Quatorzième gîte d'étape. — In-Denan. — Un puits.
« Dix-septième gîte d'étape. — In-Taborak.
« Dix-neuvième gîte d'étape. — Moïla.
« Vingt-deuxième gîte d'étape. — Taounnant ou Touennant.
« Vingt-quatrième gîte d'étape. — Mabrouk. »
Barth faisait suivre ces indications des remarques suivantes : « La route le plus généralement suivie par qui se rend de Mabrouk à Tombouctou passe par Araouan. En ce cas, en deux jours on atteint Mamoun; deux autres jours Boudjebeha; encore deux jours, Araouan; quatre jours après, Teneg el Hay; un jour et demi ensuite, Tombouctou
« De Teneg el Hay à Tombouctou s'échelonnent plusieurs localités connues : El Argio, El Ghoba, El Merera, Athelet el Megil, Ellib el Aghèbe, Tiare el Jefal, Tiaret el Ouaza. »
(2) Voici les principaux gîtes d'étape de l'itinéraire *occidental :*
« Départ d'A'oulef.
« Premier gîte d'étape. — Dahar el Amar (chaîne montagneuse, dite *dos d'âne.*)

En 1858, un Arabe, connu sous le nom d'El-Ouarani (l'homme d'Oran), communiquait au colonel de Neveu, alors directeur des affaires politiques de l'Algérie, un itinéraire d'Aqâbli à Tombouctou par *Enzira* (In-Zize), *El-benna-Tanezrouft* (le dessus du plateau), *Mabrouk* et *Bousbeïa* (Bou Djebeha), en tout trentre-quatre étapes (1).

---

« Troisième gîte d'étape : El Ihmerar'en (In-Merar'en.)
« Cinquième gîte d'étape : Ouallen. — Un puits.

Traversée du Tanezrouft

« Douzième gîte d'étape : Am'rannan. — Un puits à deux journées ouest d'Idenan.

« Dix-septième gîte d'étape : In-Asserer, peut être le « puits de la région pierreuse » ou *hammada serir*, ce qui est le mot propre pour une pareille région.

« Vingtième gîte d'étape : *Tin-Hekikan*. — C'était antérieurement le campement commun à toutes les fractions d'une tribu qui prit, de ce fait, le nom de Kel Hekikan. »

(1) Voici la liste des gîtes d'étape signalés par El-Ouarani :

1. Aqâbli.
2. Ouâd en-Sebath.
3. Ouâd en-Mâlch.
4. Ouâd Adsem.
5. Ouâd In-Ela.
6. Ouâd el Tazi.
7. Tagdabhattin.
8. Ouiderart (sans doute l'ouâd Aherer, de Barth).
9. Tir'jert (le Tirejert, de M. Duveyrier).

Le capitaine Parisot, attaché en 1873 à l'état-major du général de Galiffet, a recueilli de la bouche de divers indigènes des renseignements qui lui ont permis d'esquisser un itinéraire du Touât à Tombouctou par In-Sâlah, le Tanezrouft, l'Afelele, Mabrouk et Araouan, comportant un

---

10. Garn el Raoua.
11. Enzira (l'In-Zize, de Barth et de M. Duveyrier).
12. El-benna Tanezrouft (le dessus du Tanezrouft).
13. Tedergaouîn l'Abiod.
14. Tedergaouîn l'Akhâl.
15. Hafret el Had.
16. Ouandenan et Fokani (probablement l'Ouâd Indenan, de Barth).
17. Ouandenan el Seflani.
18. El Rague (el Erg ?) akher Tanezrouft.
19. Tizi Relatin (le col des Rehahala, tribu de Touareg Ifogas, ou des Kel R'ela, tribu de Touareg Ahaggar).
20. Tibourarin.
21. El Rague (sans doute *el Erg*, la dune).
22. Tancattine.
23. Touennast (sans doute le Touennant, de Barth).
24. Fok el-Matrouk.
25. Ksar (qs'eur) el Mabrouk.
26. Goummar el Mabrouk.
27. [illegible]ïa (probablement le puits de Shebi, de Barth).
28. Ksar (qs'eur) el Mamoun.
29. Gart el Basri.
30. En-Cheker (le Chiker de Barth).
31. Bousbeïa (Bou Djebeha).
32. Asbissed.
33. Attilat.
34. Tombouctou.

total de vingt-cinq à trente journées de marche (1).

En 1880, enfin, M. Camille Sabatier a publié (2) les précieux documents que lui a fournis un habitant du Touât, du nom de Mohammed ben Mahammed, documents qui lui ont permis d'établir un itinéraire précis. C'est cette route que nous allons suivre (3).

(1) Voyez le *Bulletin de la Société de Géographie*, 6e série, t. XIX, 1880.

(2) *Mémoire sur la Géographie physique du Sahara central.* — Paris, Imprimerie Nationale, 1880.

(3) En voici le squelette par journées de marche :

| | Journées. |
|---|---|
| d'In-Sâlah à In-R'âr | 1 |
| d'In-R'âr à Titt | 1 |
| de Titt à Aqâbli | 1 |
| d'Aqâbli à Zaouïet Aïnoun | 1 |
| de Zaouïet Aïnoun à El Malah | 1 |
| d'El Malah à Chebli | 1 |
| de Chebli à Timadadin | 1 |
| de Timadadin à Hassi Taïbin | 1 |
| de Hassi Taïbin à Ouallen | 3 |
| d'Ouallen à In-Rannan (traversée du Tanezrouft) | 7 |
| d'In-Rannan à Mabrouk | 7 |
| de Mabrouk à Mamoun | 2 |
| de Mamoun à Bou Djebeha | 3 |
| de Bou Djebeha à Tombouctou | 3 |
| Ensemble | 33 |

La caravane que nous prenons pour guide part donc un matin d'In-Salâh et son premier gîte d'étape est In R'âr.

L'oasis d'*In-R'âr* comprend quatre qs'our : ceux de *Lekal* au nord ; *Kazbet ould Ahmed Djelloul*, à l'ouest de Lekal ; *Miliana*, au sud de Lekal et *Irsan*, à l'est de Miliana. On trouve dans cette oasis à peu près autant de dattiers qu'à R'ardaïa du Mzâb ; soit environ soixante mille.

Le deuxième gîte est celui de Titt'. Cette oasis renferme deux villages : le qs'eur *Chorfa* — cent maisons — et celui de *Titt'*, trois cents. Environ cent mille dattiers.

Observons que, à l'exception de la route occidentale de Barth, tous les itinéraires de caravanes passent par l'oasis d'Aqâbli dont nous avons ci-dessus exposé les ressources et l'heureuse situation.

Sis au sud du blâd (pays) A'oulef, le qs'eur *Zaouïet Aïnoun* se compose de quatre cents maisons.

*El Malah* est le nom d'un *o'gla* (groupe de points d'eau) dont les puits offrent au voyageur de l'eau à fleur de sol, mais une eau malheureusement très salée.

De la source de *Chebli* s'échappe, au contraire, une eau potable de premier choix.

*Timadanin* est un qs'eur de quatre cents maisons où les caravanes trouvent facilement à se ravitailler. C'est là, si nous ne nous trompons, le dernier centre de population du Touât.

Une excellente eau, bien qu'un peu chaude, se tire du puits dit *Hassi Taïbin* (1).

*Ouallen* est un « o'gla » (groupe de puits) non loin duquel se trouve un *bordj* (château-fort) en ruines, occupé seulement par d'innombrables vols de palombes. L'usage veut que chaque caravane jette, en passant, quelques poignées de grain aux oiseaux. La construction de ce bordj est due à l'esprit de charité d'un ancien chérif d'A'oulef — Mouley Haïba — qui avait voulu en faire une station de repos offerte aux caravanes. Celles-ci, atteintes du mal chronique dit *pococurantisme*, se sont bien gardées d'en entretenir les bâtiments.

Il nous faut maintenant franchir un pas difficile, celui du *Tanezrouft* (2).

Ce tanezrouft est un vaste plateau calcaire que

(1) Outre *Hassi Taïbin*, le voyageur rencontre sur la route du Touât au Tanezrouft les puits de *Kouïbi, Azedareb. Terischoumin* et *Telig*.

(2) *Tanezrouft*, mot berbère, est pris ici dans une acception de nom propre. C'est, de fait, un nom commun, celui qui est affecté à la désignation de tout plateau rocheux; c'est l'équivalent de l'arabe *hammada*.

limitent : au nord, l'ouâd Ouallen ; au sud, l'ouâd In-Rannan ; à l'ouest, les dunes d'Erge'sh ; à l'est, enfin, l'ouâd Ter'azert et son affluent l'ouâd Aherer. Mesurant environ deux cents kilomètres du nord au sud, ce désert pierreux, dont l'altitude ne semble pas supérieure à celle des autres régions sahariennes, affecte une pente régulière vers l'est. Aride, frappé de stérilité, il n'offre aux chameaux que de maigres pâturages ; on n'y rencontre aucun puits (1), et les caravanes qui l'abordent doivent s'approvisionner en conséquence.

Combien de temps met-on à traverser cette plaine désolée ? « En été, dit Barth, on voyage de « nuit ; en hiver, de nuit et de jour. Moyennant « des haltes très courtes, on peut franchir la dis- « tance d'Ouallen à In-Rannan en quatre jours ». Il est admis, cependant, que les caravanes mettent ordinairement sept jours à faire ce trajet ; et

(1) Notons cependant une information contraire de Moussa ben Yahia. « Au milieu du tanezrouft, dit-il, dans une large vallée nous rencontrâmes les ruines d'un bordj et, auprès de ces ruines, des puits d'excellente eau. »

La tradition veut qu'un ancien chérif ait fait creuser dans le tanezrouft en vue d'y trouver de l'eau. Ses ouvriers descendirent, dit-on, à 60 mètres de profondeur sans trouver trace d'humidité. Ces excavations, qui recueillent les eaux pluviales, tiennent maintenant un rôle de citernes, et les Touareg font payer aux caravanes le droit de s'y abreuver.

encore, à la condition qu'elles marchent, pour ainsi dire, sans prendre aucun repos, sans faire aucune halte. Autrement, il leur faudrait de dix à douze jours.

La traversée du tanezrouft une fois accomplie, la caravane s'abreuve à *In-Rannan*. C'est le nom d'un *o'gla* dont les puits offrent de l'eau à fleur de sol, eau abondante, d'excellent goût et dont le niveau ne s'abaisse jamais.

A peine la colonne de voyageurs se sont-elle rafraîchie et remise en haleine, qu'il lui faut passer par une autre région inhabitée, celle de l'*Afelele* (1).

L'Afelele est un plateau sablonneux, mais couvert de végétation et propice à l'élevage du chameau. Coupée de vallées fertiles, baignée de nombre d'*ouïdân* (rivières), cette région est, en outre, semée de puits bien connus des caravanes (2).

Au sortir de l'Afelele, la colonne aborde

(1) Le mot « afelele » implique la signification de *petit désert*.

(2) Barth y signale les puits de *Teshalimit*, *Afoud-n-Ahan*, *Tadoutelit*, *Abalol*, *Shanizin*, *Agar*, *In-Esserer*, *Tel-Hekihan* ; et le grand voyageur ajoute qu'il en existe d'autres. Un des indigènes interrogé par M. Camille Sabatier a, d'ailleurs, indiqué ceux de *Tagnout* et d'*Amezaïrif*.

la région qu'on appelle « Azaouad » ou mieux *Azaouar'* (1).

L'Azaouar' est une vaste plaine que limitent : au nord, l'Afelele ; à l'est, les districts de *Timitren*, *Tilimssi*, *In-Eggellela* et *Tir'esht* ; au sud, le Niger (2). Antique domaine de peuplades nègres, elle a été conquise, aux premières années de l'ère musulmane, par des *So-nraï* (3) qui y fondèrent alors un grand empire ayant Gôgô (4) pour capitale. Elle est, depuis le quinzième siècle de notre ère, au pouvoir des Foullanes (5).

---

(1) Le mot *Azaouar'*, pris ici pour nom propre, signifie communément « plaine ».

(2) La province méridionale de l'Azaouar' est connue sous le nom de *Taganet*.

(3) C'est effectivement aux premières années, de l'Hégire que se rapporte, selon Barth, l'arrivée en Azaouar' du célèbre conquérant Sô. Les traditions locales le font venir de l'Yemen, mais cet envahisseur est vraisemblablement berbère. La civilisation de cette partie du Soudan porte, d'ailleurs, l'empreinte de certain cachet du génie égyptien. Le so-nraï est aujourd'hui encore l'idiome en usage dans le pays.

(4) Quelques commentateurs estiment que le site de cette ville de Gôgô n'est autre que celui de la *Nigeira metropolis* des Tables de Ptolémée.

(5) Venus de l'Orient à une époque perdue pour nous dans les ténèbres du passé, les Foullanes seraient, au dire de quelques savants, les descendants de ces *Pyrrhi Æthiopes* dont Ptolémée place l'habitat à l'est du lac Tchad. Quoi qu'il en soit, il est certain que le mouvement de ces populations en marche ne s'est arrêté qu'à l'Océan;

Sous le rapport de l'intelligence, ces Foullanes — Foulbes ou Fellatas — sont au premier rang des populations soudanaises. Leur physionomie est singulièrement expressive. De taille et de corpulence moyennes, ils ont des traits réguliers, les membres un peu grêles, un teint — variant avec le sujet — passant par toutes les notes de la gamme qui s'étend du cuivre rouge à la rhubarbe. Ils sont essentiellement galactophages.

Le pays est encore, d'ailleurs, habité par des gens de race nègre et parcouru par nombre de tribus de ces Touareg dont il sera parlé tout à l'heure.

L'Azaouar' est couvert de forêts abondamment peuplées de fauves et de gros gibier : lions, panthères, hyènes, éléphants, sangliers, mouflons, antilopes, girafes, autruches, gazelles, etc. On y peut chasser aussi quantité de lièvres, de lapins, de perdrix, etc. Dans ce pays voisin du Niger les pluies paraissent être beaucoup plus

---

que là, à raison de l'obstacle infranchissable, une réaction s'est produite et que le courant ethnographique s'est prononcé en sens contraire. Les premières migrations *de l'ouest à l'est* des Foullanes se rapportent au commencement du quatorzième siècle; en l'an 1500, leur puissance était déjà solidement établie en Azaouar' et les So-nraï se trouvaient en partie soumis à leur domination.

fréquentes que par le Sahara algérien. Aussi les puits y sont-ils plus nombreux; Barth en signale trente-sept et déclare qu'il ne les mentionne pas tous. Le voyage de la caravane va donc devenir relativement facile.

Son premier gîte d'étape en Azaouar' est celui de *Mabrouk*. Ce centre de population était jadis — alors qu'il appartenait aux So-nraï — le grand marché de l'Oualata. Barth estime que ce village occupe l'emplacement de l'ancienne Aoudar'ost. A l'est de Mabrouk s'ouvrent des vallées complantées de dattiers donnant des dattes de deux espèces différentes, dites *tissaguîn* et *tinazèr*.

*Mamoun* est un petit qs'eur où se cultivent nombre d'arbres fruitiers et quelques céréales.

La petite ville appelée *Bou-Djebeha* compte à peu près autant d'habitants que Laghouat, européens non compris. Complantés de figuiers, de pêchers, etc., ses jardins comprennent aussi des carrés de blé et d'orge. Centre important d'affaires, ce qs'eur n'est plus qu'à trois journées de Tombouctou.

---

Les caravanes du Touât passent, souvent par *Araouan* mais, ce faisant, elles se détournent de leur chemin direct. Pourquoi ce crochet? C'est que le supplément de fatigues qu'elles s'imposent est compensé par les chances de transactions qu'elles courent avec les caravanes de l'Oualata et du Sahara occidental, lesquelles fréquentent le marché dudit qs'our. Centre de population de quinze à dix-huit cents âmes, Araouan est une place de premier ordre au point de vue du commerce de l'or. Les habitants payent aux Touareg un tribut annuel de soixante mithkals d'or, afin d'être à l'abri de leurs déprédations; et cela, aux termes d'un contrat d'assurance contre l'éventualité toujours possible d'une *harkal* (razzia).

Quels sont donc — il est temps de le dire — quels sont ces tyrans du désert tant redoutés des caravanes ? Quelle est l'origine de ces hommes que les anciens nommaient « Éthiopiens blancs » (*Leucœthiopes*) et que nous désignons aujourd'hui sous tant de noms divers : Berbères, Imouchar', Touareg, etc., etc. ? Eh bien ! ces gens de race blanche, ces « visages pâles » d'Afrique sont des hamites, dont la souche primitive s'est développée dans des régions voisines de la Mésopotamie (1).

(1) Les hamites du littoral méditerranien avaient été traités avec assez de douceur par les Phéniciens, les Car-

Leurs migrations d'Orient en Occident sont, de bien des siècles, antérieures à celle des Sémites et des Indo-Européens. Longtemps avant les premières lueurs de l'aurore des temps historiques, ils occupaient le sud-ouest de l'Europe et toute l'avant-scène septentrionale du continent africain. A ne parler que de celui-ci, nos hamites sont restés dans leurs cantonnements du nord jusqu'au temps de la conquête arabe (1); alors se sont dessinés leurs premiers mouvements vers le sud. Ces transplantations forcées n'ont pas duré moins de quatre cents ans, du septième à

thaginois, les Romains, les Vandales et les Byzantins. Vivant de la vie du conquérant, ils s'étaient, au deuxième siècle, convertis à la foi chrétienne. Depuis lors, tous portent en signe de ralliement une petite croix tatouée en bleu au-dessus du poignet. L'emblème de la croix se reproduit sur leurs poignards, leurs lances et la selle de leurs mehârâ. C'est la violence de la conquête musulmane qui les a jetés dans le sud. Ce mouvement de migration paraît avoir commencé dans l'ouest par les Lemtouma et les Massoufa, principales fractions des Senhadja qui, au cours du neuvième siècle, subjuguaient les États nègres du Soudan. Au centre, le mouvement ne s'est prononcé que dans le courant de la première moitié de l'onzième siècle.

(1) Ebn Khaldoun réfute la légende aux termes de laquelle le nord de l'Afrique aurait été peuplé par des Amalécites ; et cela, après la mort de Goliath.

Notons, enfin, que les Touareg se disent de sang turc. Cette prétention peut, jusqu'à certain point, s'expliquer mais la théorie d'une telle origine ne supporte pas la discussion.

l'onzième siècle de notre ère. Ainsi refoulés, ces Berbères se trouvent aujourd'hui répandus du littoral atlantique au méridien de Tripoli et de la côte méditerranéenne au parallèle de Saint-Paul de Loanda.

Leur vrai nom national est tombé dans l'oubli. Eux-mêmes se nomment *Imouchar'* (1), mais ce n'est là qu'un qualificatif impliquant le sens d' « hommes de race noble ». Les Arabes les appellent *T'ouareg* (pluriel de *T'areg*), c'est-à-dire « voleurs de nuit » (2); les nègres, « raisins qui ne sont pas mûrs »; tous les bons musulmans des bords du Niger, *Terekou dinihoum* (gens qui ont renié leur foi).

Les Touareg — puisque, à défaut de nom national authentique, on est convenu de les appeler ainsi — se distinguent géographiquement en Touareg *du nord* et Touareg *du sud*. Politiquement, chacune de ces deux grandes divisions comprend certain nombre de groupes gouvernés par des aristocraties militaires. Cha-

(1) Variante d'*Imazir'en* pluriel d'*amazir'*, au féminin *tamazir't*. *Imouchar'* est le pluriel d'*amacher'*, au féminin *tamacher't*. Ce sont là deux dialectes d'un même idiome.

(2) Telle est l'interprétation due à M. Bresnier; le sens de « gens des dunes (*areg*) » nous semble préférable.

cun de ces groupes — dits *tioussî* — se compose d'une trentaine de subdivisions.

---

Les Touareg du nord sont de grande taille, pleins de vigueur et d'énergie. Pour tout vêtement, ils portent un pantalon et une blouse de cotonnade rouge ou bleue, serrée à la taille. Sur leur robuste torse est passée en sautoir une écharpe blanche que recouvre un large baudrier de cuir rouge auquel est appendue une cartouchière, aussi de cuir. Ils sont coiffés d'une chechia, bordée d'une bande d'étoffe sombre qui leur couvre le front. Le bas du visage est caché sous un voile noir qui ne laisse apparaître que les yeux. Tous sont armés d'une longue lance à fer barbelé, d'un poignard et d'un sabre à deux mains. A leur selle pend un fusil à deux coups ainsi qu'un bouclier en peau d'antilope. Montés sur des mechârâ qu'ils conduisent avec une sûreté remarquable, les Touareg du nord sont d'un aspect véritablement imposant et font rêver à nos chevaliers errants du moyen âge.

Homme de guerre accompli, le *targuî* (1) opère

(1) *Aliàs* « targi » singulier de « touareg », mot forgé par les Arabes.

avec précision la reconnaissance du terrain sur lequel il lui convient d'agir, et il le reconnait à grande distance, grâce à l'extrême acuité de ses sens de l'ouïe, de l'odorat et de la vue. Faut-il croire tout ce qui se raconte de ses facultés prodigieuses? On assure que, pour découvrir une source, il lui suffit d'appliquer son oreille à la surface du sol; que, au simple flair du sable, et par la nuit la plus noire, il sait s'orienter ou éventer une piste; que, à perte de vue, dans le désert, il distingue nettement un mouton d'une chèvre, etc., etc. Les Cha'ânba prétendent qu'il est capable de pourfendre d'un coup de sabre un cavalier et son cheval!... Ne se croirait-on pas au temps du paladin Roland coupant en deux son adversaire Grandogne?

Jusqu'au nasal il fend le casque en fer,
Tranche le nez et les dents et la bouche,
Le corps entier, les mailles du haubert,
L'or de la selle!... il tranche enfin la chair,
Même les reins du destrier farouche
Homme et cheval sont occis de concert.

Les Touareg du nord formaient jadis une nation compacte mais une révolution, survenue il y a environ cent-soixante ans, a eu pour effet de diviser leur ancien royaume en deux grandes républiques aristocratiques et féodales, celle des

*Azdjer* à l'est, et des *Ahaggar* — ou Hoggar — à l'ouest. C'est dans le voisinage de ceux-ci que doit passer notre tracé central.

---

Au nombre de plus de deux millions, les Touareg du sud règnent en maîtres sur les rives du Niger, de Gôgô jusqu'à Tombouctou. Ils sont de taille colossale ; d'aucuns assurément mesurent plus de deux mètres. Santé, constitution et vigueur à l'avenant. Un ressort extraordinaire dans ces muscles d'acier ! Énormes corps servis par des organes de fer, admirablement exercés à supporter également bien les privations et les excès ! Tel de ces centaures africains peut rester trois jours pleins sans manger ni boire. Le quatrième jour, il s'abreuve du lait de plusieurs vaches, se repaît d'un mouton et ne ressent aucun malaise du fait de ce brusque changement de régime. On peut se figurer quels coups de lance, quels coups de sabre peuvent frapper ces hommes qui passent, quand il le faut, huit jours consécutifs et autant de nuits à cheval ou à mehâri.

Ils portent de longues moustaches, un mahomet natté et des boucles d'oreilles en corail.

Vêtus d'un pantalon de coupe européenne et d'une tunique couleur robe de pintade (*tekahkat taïlelt*), ils sont coiffés d'une haute chechia bizarrement agrémentée de pendeloques, de flocards, de glands et d'amulettes. Un châle noir (*tessil r'emist*) leur enveloppe le visage de manière à ne laisser voir que les yeux ; à l'entour de ce voile s'enroule un épais châle égyptien (*aliafou*).

Tous sont armés d'une longue lance à large fer en as de pique, d'un poignard et d'un grand sabre à deux tranchants. Cet arsenal a pour complément un énorme bouclier en peau d'éléphant durcie au feu.

Dotées d'un genre de beauté spécial, leurs femmes sont dites *teboulloden* (callipyges). Ces vénus nigritiennes manifestent pour le tabac une passion effrénée, comparable à celle des chats pour la valériane.

Les Touareg du sud se répartissent en groupes très denses, lesquels sont ceux des *Imr'ar*, des *Ioullemeden*, des *Iradjianaten*, des *Kel-Oulli*, des *Tademekket*, des *Aouélimmiden*, etc. A ne parler que de ces Aouélimmiden — que les gens de Kano appellent *Kindin* ; les So-nraï, *Sergous* ou *Sourgous* ; et les Bornouens, *Kilouan* — le territoire qu'ils occupent est d'une fertilité merveilleuse (1); la vie pastorale qu'ils y mènent est des plus opulentes.

Revenons à notre caravane.

Quelque route qu'ils aient cru devoir suivre, quelques épreuves qu'il leur ait fallu subir au cours de leur voyage, voilà nos trafiquants arrivés au Taganet !

Que vont-ils y faire?

(1) Voici, à cet égard, les renseignements fournis par divers Soudanais à M. Sabatier :

— « Les troupeaux des Aouélimmiden sont innombrables. Celui de mon maître était de deux cents chameaux, de plus de cent bœufs à bosse (zébus), d'une centaine de moutons et de deux chevaux. Tous les autres en avaient à peu près autant; il n'en est pas qui n'en aient point. Les plus pauvres ont, au moins, une quarantaine de moutons, dix ou douze bœufs et autant de chameaux. Dans ce pays riche en fourrages, les pâturages sont meilleurs que dans le Tell; les bestiaux, plus nombreux qu'en aucun point de l'Algérie »

— « Les Aouélimmiden possèdent d'immenses troupeaux de bœufs et de chameaux, de moutons à poil et de chèvres. Point de pauvres dans ce pays, où chacun a quantité de têtes de bétail. Aussi les Aouélimmiden mangent-ils beaucoup de viande, de laitage et aussi de millet. C'est la seule céréale de leurs vallées; mais elle y vient sans culture et en grande abondance. »

— « Mon maître passait pour être très pauvre, car il ne possédait que seize bœufs et une soixantaine de moutons, ce qui est peu de chose, eu égard à l'innombrable quantité de troupeaux que nourrit le pays. Cette richesse en bestiaux est due à la fréquence des pluies, qui y entretient de magnifiques pâturages. »

Une fois dans le voisinage (deux ou trois journées de marche) de Tombouctou, leur caravane s'arrête... campe dans quelque forêt et, de là, expédie, par petits lots, à la ville les marchandises dont elle veut se défaire. Chacune de ces expéditions successives est, bien entendu, assujettie à l'obligation du payement préalable d'un droit de douane assez élevé.

Les transactions s'opèrent par voie d'échange ou contre espèces monétaires. Les cours de toutes les valeurs sont, d'ailleurs—bien entendu—soumis aux fluctuations de la hausse et de la baisse. En temps ordinaire, la dalle de sel vaut, par exemple, un bon chameau. Quant aux métalliques, qui ne portent l'empreinte d'aucune espèce de frappe, ils s'évaluent au poids. Le *serra* est un petit sac de poudre d'or du poids de quinze douros d'Espagne (1). Une charge de sel — environ 200 kilogrammes — se paye moyennement un « serra » ; une charge de tabac, un serra et demi ; un bernous vaut le poids *en or* de deux douros d'Espagne, soit environ trente douros (150 francs). La poudre d'or tirée des sables du Niger est quelquefois fondue en lingots, lesquels

(1) Au Mzâb, le *serra* vaut déjà cent quatre-vingts douros (environ 900 fr).

sont ensuite étirés en fils dits *el h'amel*. Ces fils s'échangent contre certains objets, contre des douros ou des pièces d'argent quelconques. Les négociants de Tombouctou aiment mieux l'argent que l'or.

Les appoints se font en coquillages de l'espèce dite « cauri » (*cypræa moneta*).

Ses marchandises écoulées, la caravane prend pour fret de retour : des étoffes de coton fabriquées par les nègres ; — des toiles de lin (*doumaci*) — des gommes — des défenses d'éléphant — des dépouilles d'autruche — du riz rouge — du millet noir (*der'nou*) — des noix de coco — de la cire brune — des plats en peau de buffle séchée au soleil — des nègres et des négresses, etc., etc.

Et, en fin de compte, au prix des fatigues du voyage, nos heureux caravanistes ont fait fortune.

Notre ligne *Alger-Tombouctou* aura un développement total d'environ 3,000 kilomètres (1).

---

| (1) | kilomètres |
|---|---|
| D'Alger à El Goléa | 900 |
| D'El Goléa à In-Salah, 14 journées de marche de 40 kilomètres | 560 |
| D'In-Salah à Tombouctou, 33 journées de marche | 1.320 |
| Ensemble.. | 2.780 |
| Nombre rond.. . . | 3.000 |

C'est avec intention que nous ne défalquons point de ce

Ce chiffre qui eût été, il y a trente ans, de nature à faire reculer les plus audacieux, nous paraît aujourd'hui très ordinaire. Depuis que les américains ont réussi leur rail-road de New-York à San-Francisco, lequel se déroule suivant un ruban continu de 6,000 kilomètres, il n'est plus rien qui puisse effrayer personne. Aussi, encouragés par un premier succès, les russes vont-ils maintenant, dit-on, entreprendre un chemin de fer Sibérien, chemin qui ne mesurera pas moins de 8,000 werstes (1) !

Notre Transsaharien sera deux fois plus long que leur Transcaspien, voilà tout (2).

total l'étendue de la section d'Alger à Blida empruntée à la Compagnie P.-L.-M., ni celle de la ligne Blida-Berrouaghia à la Compagnie de l'*Ouest-Algérien*. L'omission voulue de la somme de ces deux parcours atténuera les conséquences des erreurs d'appréciation si faciles à commettre en pareille matière. Le chiffre de 3,000 kilomètres peut donc être admis à titre de maximum.

(1) La werste équivaut à 1 kil. 067.

(2) La longueur totale de la ligne transcaspienne est de 1,450 kilomètres.

## XV

### Exécution des travaux.

En ce qui concerne l'exécution des travaux d'infrastructure de notre chemin de fer, nous ne devons pas compter sur la main-d'œuvre arabe. Race essentiellement pastorale et guerrière, les descendants des conquérants du septième siècle ne se sentent nullement en goût de manier la pelle et la pioche. D'anciens d'entre eux disaient un jour au duc d'Aumale: « Nos pères n'ont « jamais touché la terre... nous ferons comme « eux. »

A défaut d'Arabes, nous aurons pour terrassiers des Kabyles algériens, des Marocains, des Mzâbites, des Cha'ânba, peut-être des Touatia.

Quant aux ouvriers d'art, ils seront, bien entendu, de sang européen. Mais des Européens, se demande-t-on, pourront ils vivre et travailler sous le ciel saharien? Assurément. Bien que soumis à l'action des hautes températures, le Sahara est essentiellement sain et, pour ce qui est du climat, notre théâtre d'opérations se trouve placé dans des conditions bien meilleures que celles du continent asiatique. Le continent africain est, en effet, baigné au nord et à l'ouest par des mers qui en tempèrent, jusqu'à certain point, les chaleurs accablantes. Les régions de l'Asie centrale, que coupe aujourd'hui le chemin de fer transcaspien, sont, au contraire, loin de tout océan qui les puisse rafraîchir. Elles sont soumises à des températures estivales comparables à celles de l'Afrique; et, d'autre part, le thermomètre y accuse souvent, pendant l'hiver, plus de 20 degrés au-dessous de zéro.

Or, les Russes ont vaillamment fait face aux rigueurs excessives du climat de l'Asie; ne saurions-nous pas supporter celles du climat saharien — qui sont moindres?

---

En Asie centrale, au désert de Gobi, aucune espèce de matériaux de construction; au Sahara les *kîfân* (rochers) des « gour » et des « h'amad » nous fourniront des pierres, du sable et de la chaux pour nos maçonneries; les oasis, du bois pour nos traverses (1). Nous aurons même, si nous voulons, du fer, car les Aouélimmiden ont dans leur pays des mines d'où ils tirent la matière première de leurs grands sabres et de leurs lances.

En matière de chemin de fer à créer, la question de l'eau est, chacun le sait, de première importance.

Exposées aux rigueurs d'un climat continental caractérisé par de violentes alternances de chaleur et de froid extrêmes, les contrées désertiques d'Asie sont absolument privées d'eau et, par conséquent, de toute espèce de végétation. Les déserts d'Afrique, au contraire, ont en sous-sol des ressources naturelles dont on peut

(1) Le bois de palmier est essentiellement fibreux mais, bien que de tissu un peu lâche, il offre une grande résistance à la traction ; les indigènes en font des solives, des portes, des coffrages de puits ou de galeries souterraines. Il résiste également bien à l'action de la chaleur et de l'humidité. On peut le dire incorruptible.

Le Touât, avons-nous dit, est complanté de huit ou dix millions de palmiers, et ces arbres vivent utilement quatre-vingts ans. On pourrait donc acheter par an cent mille troncs de palmier. Chaque tronc, mesurant de 8 à 10 mètres de hauteur, donnerait trois traverses, et même six si l'on pensait pouvoir le refendre.

facilement tirer parti. C'est à cette richesse en eaux souterraines qu'est due la fertilité providentielle de ces oasis où les caravanes font relâche ; c'est grâce à cette nappe inférieure qu'il sera possible de combattre, à peu près partout, les effets d'une sécheresse atmosphérique excessive.

Partout, en effet, *excepté dans le Tanezrouft* peut-être, nous avons rencontré des puits préexistants à nos projets de voie ferrée. Donc partout, moyennant quelques travaux, nous sommes assurés d'avoir l'eau qui nous est nécessaire. Nous n'avons qu'à la tirer des nappes sous-jacentes.

Oui... mais, objecte-t-on, comment faire dans ce Tanezrouft que notre ligne doit couper suivant deux cents kilomètres de longueur ?

Il a été dit plus haut qu'un ancien chérif a, selon la tradition, sondé le grand plateau ; qu'il a creusé le sol à soixante mètres dans l'espoir de trouver l'eau à cette profondeur, et que ses investigations ont été vaines.

La chose est fort possible mais, d'abord, nous avons des procédés de forage qui nous permettront peut-être de réussir là où des indigènes ont échoué.

Admettons un échec. « Ne peut-on, dit fort

« bien M. Camille Sabatier (1), ne peut-on pro-
« fiter de la pente générale et régulière du
« Tanezrouft vers l'est pour amener dans sa
« partie inférieure — par une conduite maçonnée
« et couverte — les eaux de l'ouâd Ouallen en un
« point situé au sud-est du puits et du bordj de
« Mouley Haïba ? »

Il faut observer enfin que nous ne sommes pas absolument tenus de faire passer notre tracé par *el benna Tanezrouft* (le dessus du plateau) ; que tout nous invite, au contraire, à nous rapprocher de la vallée de l'ouâd *Ter'azert* (2), si riche en ressources de toute espèce (3).

---

(1) *Mémoire sur la Géographie physique du Sahara central.* — Paris, Imprimerie nationale, 1880.

(2) Dit aussi *Tidjerert, Tirejert, Tijerert, Tireshl, Tighest.* Quelque orthographe qu'on adopte, il est certain que ce cours d'eau prend source au plateau de Mouydir ; qu'il se grossit de nombre d'affluents dont le plus importante est l'ouâd Aherer ; qu'il conflue à l'ouâd Malah en un point situé au-dessus d'In-Zize ; que l'ouâd Malah et l'ouâd Ter'azert réunis prennent ensuite la direction du sud.

(3) Voici, d'après les indigènes interrogés par M. Sabatier, quelques données touchant l'ouâd Ter'azert :

Cette rivière, disent les informants, court par un pays plat, laissant les montagnes au loin à l'est, et de vastes *h'amad* à l'ouest. La vallée en est très boisée et riche en pâturages ; les rives en sont complantées d'arbres groupés en véritables forêts. Les essences dont se composent ces massifs sont le « talha » (*accacia gumnifera*), l' « ethel » (*tamarix articulata*) et le « kouka » (*Adamsonia digitata*). Il ne s'y trouve pas de palmiers ; ces arbres n'y pourraient

Est-ce à dire que l'exécution de nos travaux sera toujours commode ? N'y a-t-il pas en Afrique des dunes et des sables mouvants !

« L'une des plus grandes difficultés physiques que devait présenter l'exécution d'un chemin de fer transsaharien avait pour cause, écrit M. Brosselard (1), l'existence de la dune... et des sommes considérables eussent dû être dépensées en travaux d'art de toute sorte. s'il eût fallu la franchir par le chemin ordinaire des caravanes que nous avions suivi. » Or d'un tableau fort instruc-

vivre à raison de la fréquence et de la violence des orages accompagnés de grêle ; les grêlons sont parfois assez gros pour tuer des moutons, des gazelles, etc. L'eau de l'ouâd Ter'azert est bonne ; en temps de sécheresse, elle se trouve sous le sable en quelque point du lit que l'on creuse et à très petite profondeur. Quand elle coule à pleins bords, on y trouve beaucoup de poissons et même, dit-on, des chevaux d'eau, (hippopotames) des chiens d'eau (?) et des monstres moitié poisson, moitié femme (des lamantins sans doute). A l'époque de ses crues périodiques, elle charrie des corps d'animaux... alors elle devient très forte et, durant deux ou trois jours, il est impossible de la passer. Les forêts qui la bordent sont peuplées de lions, de panthères, d'hyènes et d'éléphants ; les prairies qu'elle baigne, de mouflons, de gazelles, d'antilopes, d'autruches, etc.

(1) *Voyage de la mission Flatters au pays des Touareg-Azdjer.* — Paris, Jouvet 1883.

tif dressé par M. Duveyrier il appert que la région comprise entre le Touât proprement dit, le Tidikelt et le Niger est absolument *libre de dunes*.

Notre tracé central — qu'on ne l'oublie point ! — ne fait que passer à côté de quelques amas de sable insignifiants (1).

(1) Voici, recueillis par M. Camille Sabatier, les témoignages de divers indigènes qui ont fait le voyage de Tombouctou au Touât, suivant une route dont ne s'écarte guère ledit tracé central :

« La route s'est constamment développée à travers des *h'amad* (plateaux) plus ou moins arides. Nous n'avons rencontré qu'une seule dune. Elle avait environ deux ou trois mètres de hauteur et cinq cents mètres de large. Je n'ai vu de véritables dunes qu'en arrivant au Gourâra. »

— « Un peu avant In-Sâlah, je rencontrai quelques petites dunes de sable. C'étaient les premières que je voyais depuis le commencement de mon voyage. »

— « La route s'est constamment poursuivie en *h'amad;* nous n'avons rencontré ni dunes ni montagnes. »

— « Je n'ai rencontré que quelques très petites dunes isolées un peu avant Mabrouk et quelques autres un peu avant Aqâbli. »

— « J'affirme que, à part les dunes d'Ouallen qui sont sans importance — tant à raison de leur faible hauteur que parce qu'elles sont constamment isolées et peuvent se franchir en moins de deux heures — il n'existe aucune dune sur la route qui mène du Touât à Tombouctou. J'affirme qu'il n'existe aucune montagne ou colline et que, à part deux vallées larges et très peu profondes — celles d'Ouallen et d'Imramam — et quelques ravins entre Mabrouk et Tombouctou, il ne se rencontre aucun violent accident de terrain. Le pays est constamment plat et de modelé uniforme ».

Mais, objecte-t-on encore, en supposant qu'il ne faille point s'inquiéter de l'accident d'une ou plusieurs chaînes de dunes, n'a-t-on pas à craindre des tempêtes de sables mouvants? Ne risque-t-on pas d'être arrêté par ces tourbillons pulvérulents qui enveloppent si souvent dans leurs hélices des caravanes entières et les anéantissent corps et biens? Qui ne se rappelle l'épisode de l'armée de Cambyse ensevelie sous les flots arénacés de la Libye! Qui n'a frémi à la lecture de l'émouvant récit de l'abbé Delille :

Comme une vaste mer, le souffle impétueux
Écartant, ramenant ce flot tumultueux,
Fouette d'un sable ardent leur brûlante paupière,
Ferme leur bouche à l'air, leurs yeux à la lumière.

. . . . . . . . . . . . . . . . . . . . . . . . .

En vérité, nous voici tantôt à la fin du dix-neuvième siècle et cette histoire des soldats de Cambyse a fait plus que son temps.

Comme l'antique Libye, l'Asie centrale est semée de sables mouvants dont les ingénieurs russes ont dû se préoccupper, mais cette difficulté prévue ne les a pas empêchés de pousser jusqu'à Samarkand. Nous ferons comme eux et pousserons jusqu'à Tombouctou.

Assurément, il se frappe, de temps à autre, en Afrique des coups de sirocco qui font voler le sable du désert; qui, *à la longue*, en modifient la forme; mais ce n'est pas sur une ligne où la circulation est quotidienne que les ensablements sont à craindre. D'ailleurs, pour protéger cette ligne nous pourrons faire des *parasables* et, à l'instar des Sahariens qui défendent leurs oasis contre l'invasion des dunes mobiles, établir, là où besoin sera, des cours de clayonnages en *djerid* (branche de palmier dépouillée de ses feuilles).

De tout quoi il appert que les difficultés matérielles d'établissement de notre ligne transsaharienne seront moindres que celles dont le général Annenkow vient d'avoir raison entre le mer Caspienne et Merv.

Mais il est, nous oppose-t-on, nombre d'autres difficultés d'ordre divers, et d'abord il faut tenir compte de celles qui procèdent de l'état de nos relations internationales.

Discutons la valeur de ces diverses objections.

---

Il a déjà été fait mention des prétendues complications qui pourraient se produire au cas où nous songerions à menacer l'indépendance du Touât, ou seulement à couper son territoire. En ce cas, dit-on, le Touât demanderait aide et assistance au sultan du Maroc, ce souverain dont il ne reconnaît l'autorité que dans les grandes occasions, et le sultan ne manquerait point de réclamer aussitôt l'appui ou de l'Allemagne ou de l'Angleterre ou de l'Espagne ou des trois puissances ensemble — lesquelles ne seraient point fâchées d'intervenir.

Mais la France ne songe nullement à violenter le Touât, à forcer le passage au travers de ses palmiers, ni même à en frôler les frontières. Si nous ne pouvons le persuader, si nous devons nous heurter à un refus péremptoire, eh bien! qu'à cela ne tienne, nous passerons ailleurs que par ses oasis.

Rien ne nous imposant l'obligation d'y pénétrer, nous pratiquerons un champ neutre à côté, nous prendrons pour assiette de nos travaux un terrain sur lequel personne ne saurait faire valoir des droits de premier occupant. Nous n'irons même point — rien ne nous y force — à In-Sâlah. « Mais, observe Colonieu (1), le Touât viendra bien vite à nous, si nous n'allons pas à lui, et sera, dans quelques années, le premier à nous demander de pousser un embranchement chez lui. Quand nos produits arriveront dans son voi-

(1) Lettre adressée, le 28 août 1879, aux membres de la « Commission supérieure du Transsaharien. »

sinage à des prix insignifiants, par rapport à la mercuriale locale, ses habitants, *qui sont commerçants avant tout*, accouront à nos comptoirs.» Le bien-fondé de l'opinion du général est confirmé par cet extrait du livre de M. Brosselard : « Pendant notre séjour à Aïn Taïba, vint à passer un cha'ânbi, parent d'un de nos guides, qui venait des environs d'In-Sâlah et nous donna des renseignements sur les dispositions du pays. Il raconta que, aux environs d'In-Sâlah, on parlait beaucoup de notre expédition... mais que les conversations n'étaient accompagnées d'aucun commentaire de mauvais augure. »

Cela s'explique.

C'est que, comme le dit fort bien Colonieu à propos des Touatia, toutes les populations du Sahara et du Soudan sont essentiellement commerçantes et n'hésitent pas à manifester nettement leur désir d'entrer en relation avec nous (1).

(1) Notons ici quelques faits probants à l'appui de ce dire.

Durant son séjour à Djedda, Fresnel avait appris les efforts faits par les sultans du Borgou pour se mettre en communication directe avec le commerce européen de la Méditerranée et leur persistance à envoyer des caravanes à Ben-Ghâzi par une nouvelle route qu'ils cherchaient à travers le Sahara, malgré la perte entière de plusieurs expéditions.

Il a été exposé plus haut (page 97) que, alors que le géné-

Cependant, nous oppose-t-on encore, le fait de la construction de votre chemin de fer va jeter en Afrique une perturbation profonde. Vous allez y ruiner l'industrie des transports, la seule qui assure aux indigènes des moyens d'existence. Le chameau constitue, en effet, la partie la plus considérable de la richesse de toute tribu saharienne. Depuis nombre de siècles, les populations africaines fournissent à la caravane ses instruments de travail et tirent directement un bénéfice de la location de leurs animaux. Allez-vous donc les frustrer de leurs gains, tarir la source de leurs profits?

Avant de répondre à l'objection, quelques explications nous semblent nécessaires.

Il est singulièrement compliqué, le mode actuel

---

ral Faidherbe était gouverneur du Sénégal, un des chefs d'Arguin sollicita du gouvernement français la faveur du rétablissement des comptoirs normands du dix-septième siècle.

« En 1860, dit encore Colonieu, quand je me présentai dans leur pays, les gens du Touât défendirent sous les peines les plus sévères de venir à moi. Malgré cette interdiction, je reçus la nuit de nombreuses visites d'acheteurs clandestins pour les objets composant la petite pacotille d'essai que j'avais apportée ».

« Au cours de mon voyage au Touât, rapporte M. Soleillet, j'ai pris le titre de marchand, titre qui m'a valu partout un accueil empressé et bienveillant ».

de transport des marchandises du Soudan à la côte méditerranéenne. Du Niger ou du lac Tchad jusqu'au parallèle d'Agadès, les transports sont effectués par des femmes, des zébus et des chameaux SOUDANAIS. A la hauteur d'Agadès, il faut rompre charge et prendre pour porteurs des chameaux SAHARIENS, mais originaires de la partie saharienne ou règnent les pluies tropicales. A la hauteur du parallèle de R'Ât, nouvelle rupture de charge et nécessité d'employer des chameaux nés sous le climat tout à fait DÉSERTIQUE du Sahara central. Et ces « vaisseaux du désert » ne sont pas les derniers auxquels il faille avoir recours, car ils ne sauraient supporter le climat méditerranéen. Les fourrages du nord sont pour eux des poisons violents. Il faut donc changer encore une fois de porteurs et prendre des dromadaires du Tell. En somme, quatre espèces de moteurs animés, quatre séries distinctes de moyens de transport!

Voilà, l'on en conviendra, des procédés barbares, procédés dont l'usage a pour effet de grever les marchandises de frais considérables ; d'en majorer le prix dans des proportions exorbitantes. On ne niera point que l'inauguration de l'emploi des voies ferrées ne constitue un progrès économique devant lequel il faille s'incliner.

Sans doute une commotion est inévitable. Nous n'avons pu nous-mêmes conjurer celle qui s'est produite en Europe alors que se sont construits nos chemins de fer; que le fait de l'exploitation de ces chemins nouveaux a ruiné l'industrie du roulage, des diligences et, jusqu'à certain point, celle de la navigation fluviale; supprimé la fonction de l'aubergiste des grandes routes, du maître de poste, etc. etc.; modifié les habitudes du commerce. Au bout de quelque temps, le trouble a disparu, l'émotion s'est apaisée, un ordre nouveau s'est établi de l'avènement duquel nous n'avons pas à nous plaindre. Il en sera de même en Afrique. Un nouvel ordre de choses s'y implantera dont les indigènes ne tarderont pas à s'applaudir. D'ailleurs, l'emploi au Sahara du chameau ne sera pas plus annihilé que ne l'a été en France celui du cheval de trait. Seuls, les parcours changeront; les itinéraires se feront transversaux pour venir alimenter la voie ferrée, à la manière des rivières et ruisseaux qui confluent à un fleuve.

Notre transsaharien ne ruinera donc personne.

---

Du reste, la transition sera douce entre l'état de choses actuel et celui que nous cherchons à introduire. Aucun changement brusque ne se produira, grâce à l'ordre d'exécution de nos travaux. Nous nous proposons, en effet, de commencer par la *section intérieure* d'Alger à El-Goléa; de faire d'abord d'El Goléa un *port* ouvert sur la mer saharienne, une tête de ligne, un vaste groupe de magasins généraux.

M. Soleillet prônait, dès 1870, l'idée d'un chapelet de grands centres commerciaux à créer sur les frontières méridionales de l'Algérie; il demandait qu'on avisât à établir dans nos villes du sud de grands docks pouvant emmaganiser d'importants stocks de marchandises françaises et où les caravanes sahariennes pussent venir s'approvisionner, sans avoir besoin d'entrer dans le Tell; il insistait pour que l'on organisât en premier lieu les docks ou magasins généraux de Laghouat. Ce projet, qui ne fut pas alors mis à exécution (1), va tout naturellement revenir à l'ordre du jour. El Goléa est le point indiqué à qui se propose de créer à la limite de nos possessions algériennes un

(1) Sur les instances de M. Soleillet, la Chambre de commerce d'Alger avait, par lettre en date du 13 mai 1873, adressé à diverses Chambres de commerce de la Métropole une demande d'échantillonnage en pièce des articles divers qu'on pensait de nature à entrer dans la consommation du Sahara et du Soudan. Seule, la Chambre de Rouen

marché bien alimenté, et l'on ne saurait concevoir ni désirer une meilleure tête de ligne, un meilleur *port de commerce.* Dans cet ordre d'idées, peut-être pourrons-nous, jusqu'à nouvel ordre, nous borner à l'exécution de la section *intérieure* et laisser à nos neveux du vingtième siècle le soin de faire la section *extérieure* de notre Transsaharien.

~~~~~~~~~~~~

L'idée d'une création de docks généraux n'est pas la seule qui se soit fait jour à l'heure où les études d'une voie transsaharienne étaient en pleine faveur. MM. Sutil, Warnier, Mac-Carthy, Duveyrier, Mircher, Lajoulet, Soleillet, etc. exposèrent alors combien il nous serait avantageux d'organiser des consulats sur les points vifs du Sahara et du Soudan. Le consul d'In-Sâlah, par exemple, aurait, disaient-ils, mission d'assurer aux trafiquants français la sécurité de leurs personnes et de leurs biens. Ainsi protégés, ceux-ci seraient à même de faire tranquille-

répondit. M. Soleillet emporta à In-Sâlah des échantillons au vu desquels les Touatia firent des commandes « Ces commandes, dit le célèbre voyageur, ont été par moi transmises à la Chambre de commerce d'Alger qui les a reçues le 7 avril 1874 et enregistrées sous le numéro 5036. Elles n'ont jamais été livrées à qui de droit ni même communiquées à Rouen.
~~~~~~~~~~~~

ment leurs affaires et, d'autre part, les Touatia auraient la preuve que nous ne méditons contre eux aucun dessein d'annexion ou de conquête.

---

Et les pirates du désert? nous dit-on. Comment ferez-vous pour résister à leurs violences? Ne savez-vous pas que les Touareg d'Afrique sont plus redoutables que les Sioux du nouveau-monde, et que ceux-ci attaquent fort bien les trains de chemins de fer?

Il est vrai que, dès l'antiquité, les Touareg du nord avaient une réputation détestable et que Salluste n'hésite pas à les qualifier de voleurs de grand chemin (1). Aujourd'hui, de même, on les traite de coupeurs de routes n'ayant pour tout moyen d'existence que la *harkal* (razzia). Ils n'ont, dit-on, d'autre métier que celui de guetter les caravanes, pour les protéger ou les piller, suivant qu'elles payent un droit de passage et de protection ou qu'elle cherchent à passer en contrebande (2).

(1) « ... in itinere a *gœtulis latronibus* circumventi spoliatique... » (Salluste, *De bello Jugurthino*, CIII).

(2) « Les Touareg, dit M. Estancelin, sont les maraudeurs du désert dont l'habitat est surtout dans le massif monta-

Eh bien! ces malfaiteurs en grandes bandes ont été, jusqu'à certain point, réhabilités. Non, dit M. de Polignac, les Touareg du nord ne sont pas des coupeurs de route. Ils frappent, dit-on, des droits de péage sur tout étranger voulant pratiquer le désert; mais de tels droits ne s'exercent-ils point partout, surtout dans les pays les plus civilisés? Est-ce que, par exemple, à Marseille, on ne paye point la douane avant d'entrer en France? De même, ces maîtres du désert, ces rois des eaux de tous les puits, ces protecteurs de toutes les oasis, ces souverains qui ne relèvent que de leur lance ont établi des droits de douane à l'entrée, au parcours, à la sortie de leur empire saharien. Que dire à cela?

De fait, le chef d'un groupe de ces Touareg redoutés n'est autre chose qu'une sorte de capitaine au long cours qui se charge, moyennant finance, du soin de faire parvenir à destination les marchandises dont la surveillance lui est confiée (1).

---

gneux qui se développe à gauche de la route que devrait suivre le chemin de fer, et qu'on appelle Ahaggar; ils se répandent dans le désert, montés sur leurs chameaux pour escorter ou piller les caravanes, selon l'occasion. »

(1) Les tarifs d'assurances ne sont pas exagérément élevés. De Tripoli à R'damès, par exemple, une caravane ordinaire ne paye que 6 douros (30 francs). L'expéditeur

Pourquoi ne pas traiter franchement avec ce maître de cabotage qui s'estimera heureux de nous servir moyennant une rente modique, régulièrement payée ? Pourquoi ne point faire de ces gens une sorte de gendarmerie du désert ? Il suffirait de consentir, à cet effet, une dépense minime ; de donner aux hommes de cette maréchaussée saharienne une rémunération fixe, une « solde »

peut, d'ailleurs, prendre un abonnement annuel lui assurant en toute sécurité le passage d'un nombre illimité de caravanes. Le prix de cet abonnement n'est que de 20 douros (100 francs). Que l'expéditeur omette de payer le prix convenu, ses marchandises seront confisquées. Que l'abonné soit, au contraire, notoirement fidèle aux engagements pris et le « capitaine au long cours », se piquera de faire, avec lui, assaut de délicatesse. Ainsi, la charge du chameau qui meurt en route ne sera pas abandonnée en plein désert mais soigneusement recueillie et portée à destination. Les Touareg ont dans toutes les oasis, dans tous les ports de la côte des correspondants auxquels les expéditeurs n'ont qu'à s'adresser pour assurer leurs marchandises contre les sinistres du voyage. C'est suivant ce principe si simple et de pratique si commode que, sans déploiement de force armée, sans faire acte de pression, sans signer de traités, sans s'écarter du littoral, les Anglais se sont mis en relation avec les Touareg. Ils n'ont eu, pour ce faire, qu'à traiter avec les correspondants ou courtiers établis à Tripoli, à Tanger, à Mogador, etc. Les Azdjer et les Ahaggar, par exemple, sont absolument inféodés à l'Angleterre. Qui sait à quelles suggestions ont cédé leurs chefs alors qu'ils ont prémédité le massacre du personnel de la seconde mission Flatters ?

Cette question se fait jour à travers les perplexités exprimées par M. Brosselard (*opt. cit.*) à l'heure des agissements cauteleux d'Hadj Ikhenouken, le grand chef des Azdjer.

dont ils pussent vivre (1). Ils sont de race perfectible ; sachons nous les attacher par les liens de l'intérêt — les seuls qui soient solides — et, avec eux, nous serons les maîtres du désert.

Le cheikh Ben Driss et M. Louis Say ont émis des avis conformes à celui de M. de Polignac (2).

Nous pourrons vraisemblablement utiliser de

« Pourquoi (Hadj-Ikhenoukhen) ne répondit-il pas ? Quelle était la cause de ses retards ? Il obéissait évidemment à d'autres préoccupations que les chefs inférieurs auxquels jusqu'alors nous avions eu affaire. Sans doute, il avait cru devoir soumettre aux agents du gouvernement turc, à Tripoli, les communications du chef de la mission Flatters ; ceux-ci en référeraient à leur souverain qui peut-être lui-même aurait à *prendre l'avis d'une nation amie...* »

Il est permis de se demander si les Anglais ne se sont pas débarrassés de Flatters, comme ils l'ont fait en Chine de Tardif de Moidrey... qui les gênait.

(1) Dépense minime, car elle est très peu dense, la population des Touareg du nord.

(2) « Avec de l'argent, dit Ben-Driss, on peut facilement nouer des relations avec les Touareg et s'en faire des alliés. Les Cha'ânba étaient bien plus redoutables qu'eux et nous les avons amenés à nous, à raison du bien-être dont ils nous sont redevables. Les Touareg sont trop intelligents pour ne point se rallier de même, assitôt que nous leur aurons donné des moyens d'existence, du blé, des vêtements, etc., etc. »

M. Louis Say qui, ayant pris des Touareg à sa solde, en a fait d'habiles chasseurs d'autruche, estime qu'une expédition quelconque passera partout si elle a pour escorte un goum d'une centaine de lances sahariennes.

même les Touareg du sud, notamment les Aquélimmiden. Ces Touareg, dit M. Brosselard (1), étaient nos meilleurs sokhrars (*s'okhkhrâra*, hommes de peine), travailleurs infatigables, les premiers et les derniers à la besogne, paisibles, obéissants et ne se plaignent jamais.

« Quand, plus tard, on organisera des caravanes dans le Sahara — par exemple, pour relier par un service régulier In-Sâlah et Tombouctou — c'est parmi ces Touareg qu'il faudra, autant que possible, chercher à recruter les sokhrars et même les bachamars. Je crois qu'on les amènerait sans trop d'efforts à entrer à notre service. Ce serait là pour eux un moyen d'existence qu'ils ne repousseraient pas longtemps. »

Au nombre des difficultés qu'on nous signale encore il faut placer le prétendu fanatisme religieux des populations sahariennes. Or il est aujourd'hui bien tiède, le zèle des sectateurs de l'Islâm; leur foi se perd (2) et nous les croyons

(1) *Op. cit.*

(2) Il y a longtemps déjà que ce fait est irrécusable; il y a tantôt un demi-siècle (1842) que le chérif de la Mecque — Sidi Mohammed Ebnou Aoun — exhalait sa douleur en ces termes :

« Où est le temps où la foi des musulmans attirait dans

désormais incapables de sacrifier leurs intérêts à l'espoir du triomphe de la cause du Prophète. La *fettoua* (déclaration officielle) de 1842 leur

---

les villes saintes des centaines de mille de croyants arrivant de toutes les parties du monde ? L'indifférence religieuse a gagné successivement l'islamisme, et le nombre des pèlerins a diminué en raison de la défaillance de leur foi.

. . . . . . . . . . . . . . . . . . . . . . . . .

« Aujourd'hui quarante ou cinquante mille pèlerins à peine visitent *Bit-Allah* (la maison de Dieu).

. . . . . . . . . . . . . . . . . . . . . . . . .

« La plupart des pèlerins prennent la voie de mer; presque tous se livrent au commerce et dans leur cœur la piété est remplacée par l'esprit de spéculation. Et quelle est leur conduite hélas ! durant la sainte période du pèlerinage ! De quelles honteuses actions ne se rendent-ils pas coupables !...

. . . . . . . . . . . . . . . . . . . . . . . . .

« Tout peuple qui perd la foi marche à la décadence. De fidèles observateurs de notre loi, de sincères croyants existent encore dans le monde musulman, mais la masse tient plus aux biens de la terre qu'aux félicités du ciel. Le nom de Dieu est sans cesse dans leur bouche et, trop souvent, le démon est dans leur cœur...

. . . . . . . . . . . . . . . . . . . . . . . . .

« Ah ! s'il entre dans ses desseins de rendre à l'islanisme sa gloire et sa puissance, Dieu devra d'abord inspirer aux musulmans la foi et la vertu de nos illustres ancêtres. Retremper cette foi et combattre le luxe et l'avarice, tel était le but avoué des *Ouaabites* mais leur foi n'était pas encore assez pure. Dieu, qui lisait au fond de leur cœur des sentiments d'ambition et des désirs de lucre, n'a pas béni leur œuvre. Dailleurs, les musulmans tièdes et amis du bien-être opposaient un obstacle à la mission de ces inflexibles réformateurs. »

permet, d'ailleurs, de vivre en paix avec nous sans aucun remords de conscience (1). Les agents des Snoussi font bien un peu d'agitation au Sahara (2), mais les notables commerçants du Touât ne prêtent guère l'oreille à ces prédications qui ne sont plus de leur temps. Pour ce qui est des Touareg, la religion qu'ils professent ne les gêne pas beaucoup ou, pour mieux dire, leur indifférence en matière de culte est à peu près absolue. Ils refusent tout service au Com-

(1) Voici le texte de cette transaction rapportée de la Mecque par M. Léon Roches :

« Quand un peuple musulman, dont le territoire a été en-
« vahi par les infidèles, a combattu ceux-ci aussi longtemps
« qu'il a conservé l'espoir de les en chasser, et quand il est
« certain que la continuation de la guerre ne peut amener
« que misère, ruine et mort pour les musulmans, sans
« aucune chance de vaincre les infidèles, ce peuple, tout en
« conservant l'espoir de secouer leur joug avec l'aide de
« Dieu, peut accepter de vivre sous leur domination — à la
« condition expresse que ses enfants conserveront le libre
« exercice de leur religion et que leurs femmes et leurs filles
« seront respectées. »

(2) L'archipel tripolitain de Koufarah comprend l'oasis de *Kebabo*, véritable éden au centre duquel s'élèvent les constructions magnifiques de *Suya el Istal*. Admirablement fortifié, ce qs'eur de Suya el Istal est la capitale, le centre d'action de la secte des Snoussi. C'est de ce foyer religieux que rayonnent les missions musulmanes; c'est là que vont chercher des ordres tous les agitateurs qui cherchent à troubler la paix du Touât ou de l'Azaouar'.

mandeur des croyants, ne font ni les prières ni les ablutions prescrites, ne portent point le *sebh'a* (1), ne tiennent compte d'aucune des cent-quatorze *sourates* du « Livre » (le Koran). A ces causes, nous l'avons dit, les musulmans fervents les flétrissent du nom de *Terekou dinihoum* (ils ont renié leur foi). Le fanatisme religieux des Touareg du nord ou du sud n'est donc point de nature à nous créer de bien grands obstacles.

Contrairement à l'opinion émise par M. Duveyrier au cours des séances de la Commission supérieure, nous estimons que les populations sahariennes et soudanaises ne verront pas sans quelque plaisir l'établissement d'un chemin de fer destiné à desservir leur pays. La raison en est simple. C'est que cette voie nouvelle leur apportera dans des conditions douces des objets de première nécessité, notamment des denrées alimentaires qui, actuellement, sont pour elles hors de prix.

Cela demande explication.

(1) Chapelet à 99 grains, nombre égal à celui des attributs du Dieu de l'Islâm.

Il a été dit plus haut que dans chaque oasis se trouve une ville principale à l'entour de laquelle sont disposés, en manière de satellites, les villages dont elle est le chef-lieu et les tentes de ses alliés nomades.

Errant au printemps pour paître, çà et là, leurs troupeaux, ceux-ci — de sang arabe — émigrent durant l'été pour aller acheter des grains dans le Tell. En novembre, ils sont de retour au gîte, déposent ces grains dans leurs magasins des qs'our, cueillent leurs dattes et passent l'hiver sous leur *bît ech cha'r* (maison en tissu de poils de chameau, tente).

Les qs'ouriens, eux, ne sont point de race arabe, mais berbère. Leurs aïeux occupaient jadis le littoral méditerranéen et y habitaient des villes ou des villages. Refoulés par des invasions successives dans l'intérieur du Sahara, ils s'y sont établis là où la vie était possible, en demeurant fidèles à leurs habitudes sédentaires.

A raison de leurs relations forcées, nomades et qs'ouriens ont associé leur existence dont les conditions sont, on le voit, si différentes. Les uns et les autres sont devenus propriétaires sur le même sol et dans la même enceinte. Mais le nomade qui possède ne cultive pas; il est seigneur terrien, et le citadin du qs'eur est son fermier. Celui-ci, en revanche, s'est donné des troupeaux qu'il est bien obligé de confier à la garde du berger nomade. Tandis que ce dernier conduit au pâturage moutons, chèvres et chameaux, celui-là veille aux grains mis en dépôt sous l'enceinte de ses murailles et cultive les palmiers de l'oasis. Leurs intérêts sont donc, comme on le voit, connexes.

Les dattes ne constituant pas à elles seules une nourriture saine, les Sahariens sont, nous l'avons dit, obligés d'aller chercher du blé dans le Tell. Donc, à l'époque des moissons, les tribus arabes campées sous les murs des qs'our quittent ces campements pour se rapprocher de la côte. Leurs troupeaux, qui ont dévoré toutes les herbes du sud, trouvent dans le nord de nouveaux pâturages ; et, moyennant le payement d'un impôt dit *lezma*, ces nomades se rendent sur nos marchés où ils échangent contre des céréales les produits de leur sol ou de leur industrie : dattes, bernous, plumes d'autruche et marchandises du Soudan. Les commerçants qs'ouriens prennent quelquefois part à ces pérégrinations des nomades. Tandis que les frères de la tente font leurs achats de grains, ils achètent, eux, dans nos villes du littoral, des objets manufacturés en Europe. Cela fait, tous reprennent ensemble le chemin du sud; ils regagnent le qs'eur où seront emmagasinés les blés achetés par les nomades, d'où s'écouleront vers le Soudan les marchandises européennes.

Donc le Tell est, à juste titre, dit le grenier du Sahara. Donc nous tenons les Sahariens et ils le comprennent si bien qu'ils disent tous les jours à qui veut les entendre : « Nous ne pou-« vons être ni musulmans, ni juifs, ni chrétiens; « nous sommes forcément les amis de notre « ventre. » Ou encore : « La terre du Tell est « notre mère. Celui qui l'a épousée est notre « père. »

Oui, mais étant donné le mode de transports actuellement en usage, le blé est cher au Sahara; il s'y vend ordinairement de *soixante-quinze centimes à un franc LE LITRE* ! A Ouargla, par exemple, il faut être riche pour manger tous les jours quelques bouchées de pain. M. Brosselard, l'un des membres de la première mission Flatters, rapporte à ce propos l'entretien qu'il eut un jour avec certain cheikh saharien : « La conversation, di-til, porte sur l'objet de la mission, sur l'établissement du chemin de fer projeté et les avantages qui doivent en résulter pour tout le pays. On devine le nombre de questions auxquelles nous avons à répondre, les explications qui nous sont demandées et l'étonnement de nos convives. Mais, dès qu'ils eurent compris de quoi il s'agissait, leur enthousiasme ne connut plus de bornes; quand il sut que les biscuits auxquels nous venions de le faire goûter ne lui coûteraient presque rien le jour où Ngouça serait une des stations de la voie ferrée, le vieux cheikh, saisi d'admiration, jura que, malgré ses quatre-vingts ans, le moment venu, il irait lui-même travailler aux terrassements pour donner l'exemple à sa tribu. »

Or le sel est, au Soudan, matière aussi précieuse que le blé au Sahara.

N'insistons point, la chose nous paraît inutile. Nous estimons que nos lecteurs n'hésiteront pas à prendre pour démontrée notre proposition, à savoir que la création du Transsaharien ne déchaînera, tant s'en faut, contre nous aucune espèce d'hostilités.

## XVI

### *Ultima Verba*

Nous aurions encore bien des considérations utiles à faire valoir; nous pourrions exposer encore une multitude de faits intéressants touchant cette question du Transsaharien dont d'éminents esprits s'attachent à mettre en pleine lumière le caractère essentiellement national... Mais tout, en ce monde, a ses limites et nous ne saurions oublier le précepte d'Horace :

*Est modus in rebus ; sunt certi denique fines.*

Sachons donc nous borner; contentons-nous de résumer nos principaux arguments. Il est temps de terminer cette étude que nos lecteurs ont peut-être déjà trouvée longue.

---

Il y a longtemps que les géographes ont, pour la première fois, observé ce fait très curieux que les régions les plus riches du globe sont celles dont le territoire festonne le quinzième degré de latitude nord. Or, comme les Antilles et les Philippines, comme l'Indo-Chine et l'Indoustan, le

Centre-Afrique se trouve « à cheval » sur ce quinzième parallèle si remarquablement privilégié de la nature. Il serait donc, jusqu'à certain point, permis d'induire de là que, s'il étale à nos yeux d'admirables splendeurs, notre Soudan ne fait, en cela, qu'obéir à des lois générales ; mais point n'est besoin de procéder par voie d'induction quand nous disposons, à cet égard, de tant de témoignages irrécusables.

Elles sont magnifiques, nous disent les voyageurs, elles sont immenses les richesses minérales de ce merveilleux pays. On ne saurait chiffrer ce que ce sol recèle d'or, d'argent, de fer oligiste, d'hématite, de cuivre, de phosphates, etc. (1).

Et quelle végétation luxuriante ! Quelles forêts de cotonniers, de tamariniers, de baobabs, de palmiers flabelliformes, d'orangers, d'arbres à caoutchouc, de vignes (2), d'arbres

(1) Les anciens n'ignoraient ni l'étendue ni la valeur des richesses minérales de l'Afrique. — Voyez surtout, à ce sujet, Pline *Hist. nat., liv.* XXXIII, XXXVI et XXXVII, *passim.*

(2) C'est par les Phéniciens que la vigne a été importée en Afrique; et ce, du quinzième au neuvième siècle avant notre ère. C'est au cours de cette période voisine des temps préhistoriques que le Melkarth de Tyr créa, non loin du fameux jardin des Hespérides, c'est-à-dire du Maroc, d'immenses vignobles qui exportèrent ensuite des cépages au Soudan.

à beurre (1), de cent essences diverses donnant des bois de charpente, d'ébénisterie ou de teinture! Quelles cultures faciles, quelles opulentes récoltes! En regard des céréales — orge, blé, maïs ou millet — se développent et prospèrent l'indigo, le sésame, le sorgho, les arachides, la patate, l'orseille, le tabac, le café, le poivre, les truffes, le copal, la canne à sucre (2) et mille autres plantes précieuses.

Là, dans de vastes savanes, dans des prairies dont les herbes atteignent jusqu'à cinq mètres de hauteur paissent d'innombrables troupeaux de chameaux, de bœufs, de moutons et de chèvres.

Là, dans ces terres fécondes, gît une mine inépuisable de richesses d'origine animale: cires, ivoires verts (éléphant), ivoires blancs (hippopotame), plumes d'autruche, peaux de toute espèce de fauves, etc., etc.

L'Afrique centrale!... Mais c'est en Afrique

(1) De la grosseur d'une prune de Monsieur, le fruit de l'arbre à beurre — ou *schi* — renferme une amande dont on extrait un beurre parfait, plus blanc, plus ferme, plus savoureux que celui qu'on tire du lait de vache. Cette matière butyreuse et saponifiable a été tout spécialement étudiée par Chevreul.

(2) La canne à sucre a été récemment importée au Soudan par un natif de Tombouctou qui fut longtemps esclave en Amérique et qui, une fois affranchi, put regagner ses foyers des rives du Niger.

centrale que se trouve la plus claire des sources de la Richesse, source abondante, à la veine large et limpide, au jet inépuisable.

A cette source vive n'irons-nous pas puiser? On gémit aujourd'hui de ce que l'industrie est comme noyée dans le marasme; on dit que le commerce souffre, que la marine marchande — faute d'aliments — se meurt. Eh bien! à la marine, au commerce, à l'industrie l'Afrique ouvre des horizons à perte de vue; elle leur offre des débouchés d'une profondeur insondable.

Quelles denrées, en effet, quelles précieuses matières premières notre commerce d'importation ne peut-il demander au Soudan? Et quels bénéfices à tirer du placement en Europe de tant de marchandises obtenues sur les lieux dans d'étonnantes conditions de bas prix ridicule! (1).

Et notre commerce d'exportation au Soudan central, à quel trafic rémunérateur n'est-il pas en droit de prétendre?

Exemple :

Sait-on ce qui se vend à Kano — que Barth appelle le Londres du Soudan — sait-on ce que se vend un de ces petits miroirs de Hambourg

(1) Voici un aperçu des prix *minima* d'achat et de vente

qu'on se procure pour quelques centimes dans nos bazars de France? *Trois francs soixante quinze* ! Et tout à l'avenant (1).

de quelques produits d'importation, originaires d'Afrique.

| Articles. | Unité marchande. | Prix d'achat en Afrique (*) | Prix de vente en Europe. |
|---|---|---|---|
| Indigo.......... | 500 grammes. | 6 90 | 36 » |
| Ivoire n° 1...... | 50 kilog. | 310 | 1200 » |
| Ivoire n° 2...... | 150 kilog. | 31 40 | 450 » |
| Plumes d'autruche.... | La dépouille. | 275 05 | 2000 » |
| Poudre d'or..... | 4 gr. 270. | » 90 | » » |
| Or.............. | 30 grammes. | 55 » | 100 » |
| Cire............ | 150 kilog. | 8 95 | 900 » |
| Gomme......... | 150 kilog. | 5 90 | 600 » |
| Civette.......... | 500 grammes. | 11 » | » » |
| Cuir de buffle... | Le cuir. | 1 65 | » » |
| Peaux de chèvre. | Dix peaux. | 3 15 | » » |
| Huile de palme. | La tonne. | 500 » | » » |
| Poivre..... .... | 500 grammes. | 1 » | 3 » |
| Soie de bombyx. | 35 gr. de cocons. | » 05 | » » |
| Arachides....... | Le kilogr. | » 30 | » » |
| Café ............ | Le kilogr. | » 10 | 4 20 |
| Coton........... | Le kilogr. | 1 80 | » » |
| Truffes.......... | Le kilogr. | » 10 | 35 » |
| Tabac........... | 500 grammes. | » 05 | 12 » |
| Veaux .......... | La bête. | 2 72 | 90 » |

(*) Ces prix sont ceux qui se payent à la côte occidentale.

(1) Voici, d'ailleurs, quelques prix courants du marché de Kano :

Un mètre de drap grossier, s'y vend ............Fr. 33 »
Un mètre du ruban fané............................ 4 05
Un mètre de madapolam grossier.................. 6 »
Une rame de papier d'emballage ................. 10 »
Une livre de verroterie à gros grains — suivant la couleur, de............................ 10 à 25 »

Ce n'est point toutefois l'appât d'un bénéfice facile, ce n'est pas la perspective des affaires les plus sûres qui doit seulement nous faire courir aux rives du Niger. Les opérations lucratives qui nous y appellent nous sont, pour ainsi dire, imposées par une situation économique aujourd'hui très tendue et déséquilibrée. Pour s'en convaincre, on n'a qu'à jeter les yeux sur l'état comparé de nos importations et exportations de produits originaires d'Afrique (1).

---

Un mouchoir de coton à fond rouge................ 4 05
Un mètre d'étoffe grossière, soie et coton......... 70 »
Une livre de sucre.................................. 8 »
Une livre de thé.................................... 30 »

(1) Voici un extrait de ce Tableau officiel dressé en 1878 :

| Produits originaires d'Afrique | Importations* | Exportations* | Excédent des Importations* |
|---|---|---|---|
| — | — | — | — |
| Peaux brutes. | 203 | 41 | 162 |
| Laines........ | 326 | 84 | 242 |
| Soies en cocons.... | 330 | 133 | 197 |
| Arachides.... | 38 | 9 | 29 |
| Cafés.. ...... | 105 | » | 105 |
| Poivres....... | 3,4 | » | 3,4 |
| Tabacs....... | 21 | » | 21 |
| Gommes...... | 5 | » | 5 |
| Bois.......... | 21 | » | 21 |
| Cochenille.... | 5,5 | 3 | 2,5 |
| Indigos....... | 20 | 2 | 18 |
| Nattes et tresses de paille. | 15 | » | 15 |
| Ivoires....... | 3 | » | 3 |
| Totaux.... | 1.095,9 | 272 | 823,9 |

* Valeur en millions de francs.

En fait de produits de cette origine, l'excédent de nos importations se chiffre, bon an mal an, par *huit cent vingt-trois millions neuf cent mille* francs, soit près D'UN MILLIARD. Or, si renonçant à la malheureuse habitude que nous avons de nous adresser à des intermédiaires, nous marchions droit au but ; si nous allions puiser franchement aux sources équatoriales, nous pourrions non seulement nous suffire à nous-mêmes mais encore exporter chez nos voisins d'Europe tout l'excédent de nos besoins.

Voilà l'évidence même et voilà le remède.

Et, qu'on ne l'oublie pas, si nous ne voulons pas que notre situation embarrassée dégénère bientôt en situation désastreuse, il n'est que temps d'aviser.

---

Mais, outre les intérêts économiques de la France, il faut encore, en cette affaire, consulter les intérêts généraux de la civilisation. Il est aujourd'hui dans cet ordre d'idées plus d'une question dont l'étude s'impose et, en première ligne, se place celle de l'abolition de l'esclavage.

« Le cardinal Lavigerie, dit M. Estancelin (1), a

(1) *Figaro*, numéro du 19 août 1888.

montré le rôle réservé à la France : celui d'arracher à la mort et à l'esclavage de malheureuses populations, aujourd'hui décimées par centaines de mille par ces troupes de métis arabes qui, munis d'armes à feu perfectionnées, font là-bas des battues à l'homme comme nous faisons des battues aux lièvres, massacrant les vieillards et emmenant en esclavage tout ce qui est valide, enfants et jeunes filles. A son honneur, la presse française s'est unanimement associée aux sentiments du grand cardinal... »

Oui, mais en pareille matière il ne suffit point de faire appel aux sentiments les plus généreux. Les meilleures intentions peuvent être frappées de stérilité si elles ne sont dictées que par les aspirations d'un cœur fervent. Ce qu'il faut pour réussir, c'est viser froidement, sans émotion, sans parti-pris le but qu'il s'agit d'atteindre ; c'est consulter, avant tout, la raison économique.

Actuellement, la croisade qu'on prêche contre la traite a-t-elle quelque chance de succès ? Le rendement des ressorts qu'on se propose de faire jouer peut-il produire l'abolition de l'esclavage ?

Il est permis d'en douter.

Pour purger le continent africain des marchands d'esclaves qui l'infestent, ce n'est pas une gendarmerie de deux ou trois mille soldats d'élite qu'il faudrait y disséminer en manière de cordon sanitaire ; c'est une armée de deux cent mille hommes qu'il serait nécessaire d'y mettre en garnison. Or à l'entretien d'une telle armée permanente correspondrait nécessairement une dépense annuelle de plus de deux cents millions.

La solution n'est donc pas là.

C'est au commerce qu'il faut demander la suppression d'un état de choses qu'on déplore. Ce qu'il importe de faire en vue d'abolir l'esclavage, c'est de lui susciter de puissants antagonismes; c'est de créer des intérêts dont l'expansion se trouve opposée à la sienne; c'est de démontrer à qui de droit qu'on trouve moins de profit à vendre des hommes qu'à trafiquer de marchandises.

Aujourd'hui, par exemple, à la côte de Benin, un esclave se troque contre trois chèvres ou bien se vend cinquante-cinq grammes d'or, soit une centaine de francs.

Transporté dans un pays quelconque de l'Amérique du Sud, ce « bois d'ébène » revient, tout compte fait, à *cent trois* francs et quelques centimes. Or il se vend là *douze cents* francs !

Cela étant, il faut arriver à prouver aux marchands de chair humaine qu'ils gagneraient davantage à faire le commerce des ivoires, des gommes, des cires ou de la poudre d'or. Quand cette idée aura fait son chemin, quand elle aura conquis le rang de vérité incontestable, la traite se raréfiera; la vente du bétail humain fera scandale et le fléau finira — peut-être — par disparaître de la surface du globe.

Voilà, selon nous, l'unique moyen curatif auquel il soit possible de recourir à l'effet de cicatriser cette vieille plaie de l'Humanité.

En résumé, tout nous attire au Soudan et nous ne saurions résister à tant d'invites d'ordres divers; nous ne pouvons nous dispenser de pousser au Niger. Or, après avoir analysé les conditions pratiques de toutes les voies possibles, nous avons démontré que la meilleure solution du problème consiste en l'adoption de la *via* ALGÉRIE (1); nous avons, de plus, établi que, parmi tous les projets de lignes algériennes, le tracé qu'on appelle *transsaharien central* mérite à tous égards nos préférences (2); nous avons, enfin, scandé par

(1) Voyez chapitre VII — *Réseau des routes qui mènent au Soudan*, — pages 83 et suivantes, et chapitre IX — *Solution nationale du problème à résoudre* — pages 133-134.
(2) Voyez chapitre XI — *Projets de lignes transsahariennes* — pages 157 et suivantes.

étapes ou stations la voie ferrée qui doit mettre Tombouctou à huit jours de Paris (1). Notre tâche sera finie quand nous aurons de rechef insisté sur le fait de la facilité extrême des travaux à exécuter.

Le tracé central, professe M. Camille Sabatier (2), se présente, au point de vue de l'exécution matérielle, dans d'excellentes conditions de simplicité, d'horizontalité et d'économie. Au cours de la majeure partie de ce tracé, nous disait il y a quelques jours le R. P. Bresson (3), point n'est besoin de travaux d'infrastructure; il n'y a que des rails à poser.

---

Quels empêchements pourrait donc rencontrer l'exécution de notre central? A quels obstacles pourrions-nous aller nous heurter? Nous n'entre-

---

(1) Voyez chapitres XII, XIII et XIV.

(2) Voyez pages 175-176.

(3) Avant d'être envoyé à Zanzibar, où il est actuellement en résidence, le P. Bresson, procureur des missions d'Alger, avait longtemps séjourné chez les Cha'ânba de Met'lili; aussi le pays que doit couper notre transsaharien lui est-il bien connu. — Les religieux des missions d'Alger sont dits *Pères Blancs*. C'est à cet ordre qu'appartenaient les missionnaires que les Snoussi ont fait assassiner à In-Salah.

voyons vraiment à ce sujet aucune espèce de complications internationales, ni de difficultés d'ordre politique. « C'est, dit fort bien M. Estancelin, parce que les intérêts de la France sont supérieurs aux vicissitudes politiques que j'appelle l'attention des hommes de tous les partis sur une œuvre qui peut être l'honneur de la République comme de la Monarchie ; sur une œuvre *uniquement française*, sur une œuvre où les intérêts religieux, politiques et matériels sont réunis dans un but commun et trouveront tous une commune satisfaction... — Aujourd'hui, nous avons l'occasion de grouper tous les intérêts de la France, de réunir dans un but patriotique les hommes de toutes les opinions... ne la laissons pas échapper. »

Encore un mot :

Nous devons nous hâter d'entrer et de marcher résolument dans la voie indiquée. Il y a urgence à ne pas nous y laisser prévenir ou distancer par des compétiteurs.

« Notre pays, dit M. Vivarez (1), possède déjà

(1) *La Zeriba*, projet de création d'une factorerie française en Afrique centrale. — Paris, typ. Plon, 1878.

l'Algérie, le Sénégal, le Gabon. Faudra-t-il donc laisser à d'autres, nous ne dirons pas la gloire mais le bénéfice d'une exploitation que, tôt ou tard, ils entreprendront à deux pas des possessions que nous avons conquises ? »

Relisons aussi à ce propos ces lignes de feu Jacqmin, le regretté directeur des chemins de fer de l'Est (1) : « Par ses voyageurs, ses négociants, ses diplomates, l'Angleterre a su prendre pied sur plus de la moitié des rivages africains. De Tunis, les explorateurs anglais et allemands se dirigent sans discontinuité vers le sud-ouest du continent convoité ; d'autres, partant du Maroc, marchent vers le sud-est. Ils finiront par se rencontrer et nous barreront le passage.

« D'autre part, les gouverneurs turcs de Tripoli cherchent à se rattacher les Touareg ; l'empereur du Maroc prétend exercer des droits de suzeraineté sur les tribus des oasis du Touât. Si l'on n'y prend garde, l'Algérie sera bientôt un territoire FERMÉ AU SUD par le Maroc et Tripoli.

. . . . . . . . . . . . . . . . . . . . . .

(1) Note officielle en date du 25 avril 1879.

« Il n'est que temps de parer aux dangers qui nous menacent. »

Qu'on médite ces derniers mots!.. nous ne saurions trouver meilleure péroraison.

# TABLE DES MATIÈRES

IMPRIMERIE MAYER ET Cie
18, RUE RICHER, 18